KB013730

빛깔있는 책들 201-10

제주도 음식

글/김지순 ● 사진/안승일

대원사

김지순

수도여자사범대학을 졸업하고 제주전문대학 가정과 전임교수를 역임하였다. 현재 사단법인 한국식생활개발연구회 제주도 지부장, 김지순요리학원 원장, 제주전문대학 관광호텔조리과 전임교수로 있다.

안승일

1946년 서울에서 태어나 서라벌예술대 사진학과를 중퇴하였다. 1969년과 1975년 두 차례에 걸쳐 '산악사진전'을 가졌고, 1995년 일본의 이와하시와 함께 '백두산 2인전'을 열었다. 1977년부터 '그린스튜디오'를 운영하고 있다. 한국산악사진가회 회원으로 있으며 사진집으로는 「산」(1982) 「삼각산」(1990) 「한라산」(1993) 「백두산」(1996) 「굴피집」(1997) 등이 있다.

빛깔있는 책들 201-10

제주도 음식

머리말	7
제주도의 자연 지리적 환경	13
알뜰하고 소박한 식생활	21
제주도의 고유 음식	29
절기 음식과 의례 음식	109
맺음말	119
부록 – 부엌 세간	123

제주도 음식

머리말

제주도의 역사는 한라산 북녘 기슭에 있는 모흥혈, 곧 지금의 삼성혈에서 솟아난 세 신인으로부터 시작되었다. 고을나(高乙那), 양을나(良乙那), 부을나(夫乙那)라고 하는 이들 세 신인은 고(高), 양(良, 뒤에 梁으로 고침), 부(夫) 3성의 시조가 된다.

한반도와는 떨어져 있어 별 교류가 없던 제주도는 고을나의 15대손이 신라를 방문하여 탐라(耽羅)라는 국호를 받아오면서부터 한반도의 직접적인 영향 아래 놓이게 되었다. 변방이라는 인식이 없지는 않았으나 한반도 안에서 일어나는 크고 작은 일들은 제주 사람들의 생활에도 많은 변화를 가져왔다.

그러나 바다 한가운데 있는 섬이라는 지형적 특성으로 인해 제주도는 육지와는 다른 생활 풍습과 독특한 방언을 발달시켜 왔다. 또한 연안에 흐르는 난류로 인해 나타나는 일교차가 적은 해양성 기후는 제주도의 풍경을 육지와는 다른 이국적 풍치로 가꾸었다.

여러 가지 특징을 가진 화산 지형과 지질, 수려한 경치, 온난한 기후, 남국적인 식생, 독특한 문화적 풍속 등이 어울려 현재 제주도는 우리나라 제일의 관광 명소로 손꼽히고 있으며 관광 산업은 제주도의 주

삼성혈 제주 개국 신화의 발상지로 고, 양, 부씨의 시조인 고을나, 양을나, 부을나 세 신인이 솟아났다는 구멍이다.

요 소득원이 되었다. 성산일출과 녹담만설 등의 영주십경(瀛洲十景), 구십구곡(九十九谷, 아흔아홉골)과 천지연·정방·천제연 등의 폭포, 기암, 수림(樹林), 성산일출봉이나 산방산과 같은 기생화산, 1,800여 종의 다양한 식물과 그 밖의 많은 문화재 등으로 제주도는 국제적인 관광지로 발돋움하고 있다.

그러나 제주도가 천혜의 관광지로 부상한 것은 최근의 일이고 제주도의 생활 환경이 나아지기 시작한 것도 관광 산업의 발달과 함께라고 할 수 있다. 이전의 제주도는 육지와 떨어져 있는 척박한 화산섬으로, 생존을 위해 돌투성이 땅과 거친 파도와 끊임없는 투쟁을 하여야 하는 곳이었다. 제주 사람들의 고된 삶은 그들의 생활 풍습에 고스란히 반영되어 드러난다.

천지연 폭포 폭포의 규모나 경관이 뛰어나 관광객들의 발길을 묶어둔다. 한여름에도 서늘한 냉기가 느껴지는 폭포 주위에는 상록수와 난이 울창하게 우거져 있다.

식문화도 예외는 아니어서 제주도 특유의 음식을 통해 그들의 삶을 유추하여 볼 수 있다. 한 지방의 식생활이나 음식 문화는 그 지방에서 생산되는 식품의 영향을 많이 받는다. 자연 환경과 경제 수준, 교통 상황, 사회적 환경 등도 음식 문화의 형성에 무시할 수 없는 영향력을 가지고 있다. 제주도의 경우도 예외는 아니다. 육지와 멀리 떨어져 거친 바다 한가운데에 있는 좁고 척박한 돌섬으로서 한반도의 다른 지역과는 식량 자원이 크게 달랐으며, 외지와의 인적·물적 소통 또한 쉽지 않아 이곳의 식생활은 다른 지방과 현저히 다른 양상을 보였다.

과거 제주 사람들은 농작물의 재배가 쉽지는 않았지만 부족하면 부족한 대로 알뜰하게 활용하고 풍부한 해산물을 적극적으로 이용하여 농작물의 부족한 점을 보충하는 방향으로 제주도만의 고유한 음식 문화를 발전시켜 왔다.

오름 제주도에서는 화산의 중턱이나 기슭에 새로 분화하여 생긴 기생화산을 오름이라고 부른다.

성산일출봉 제주도의 동쪽 끝머리에 위치한 기생화산으로 영주십경 중 제1경인 성산일출로 유명하다.

오늘날 제주도는 외부와의 교류가 활발해지면서 과거의 식생활 양식이 많이 사라져가고 있다. 제주도의 사라져가는 음식 문화도 보존하고 제주 사람들의 옛 생활을 기억하는 한 방편으로 제주도의 음식을 다루어 보는 것도 뜻깊은 일이 될 것이다.

제주도의 자연 지리적 환경

한반도의 제일 남쪽에 자리잡고 있는 제주도는 그 면적이 1,825제곱킬로미터로 이 나라에서 가장 작은 도(道)이자 가장 큰 섬이다. 제주도의 심지이면서 남한에서 제일 높은 해발 1,950미터의 한라산은 360여 개나 되는 크고 작은 기생화산(오름)을 거느리고 그 산자락으로 해안선을 이루고 있다. 곧 한라산은 자신의 몸으로 제주도를 가득 채우고 있는 셈이니, 제주도 자체가 한라산이고 한라산이 바로 제주도이다.

타원형으로 이루어진 제주 해안선의 길이는 254킬로미터이며 대부분 정갈한 흑빛의 현무암으로 이루어져 사람들의 눈길을 끌고 있다. 이 해안선과 한라산, 그리고 청정한 바다가 아름답게 어우러질 뿐만 아니라 섬 구석구석의 빼어난 풍광, 제주도만의 독특하고 신비한 문화 자원 등으로 제주도는 이 나라 최고의 관광지가 되었다.

척박한 땅

불과 수십 년 전만 하여도 제주도는 물과 기뭄, 그리고 바람에 시달리는 삼재(三災)의 섬이었다. 강우량이 많은 한라산에 산재한 깊은 골짜기로 빠르고 거침없이 쏟아지는 물은 수재(水災)를 일으키고, 돌이 많은 화산재의 척박한 토질은 물을 머금지 못하고 땅밑으로 다 스며들게 하여, 제주 사람들은 조금만 가물어도 한재(旱災)에 시달렸다. 또한 태풍이 잦아 늘 바람의 피해를 입었다.

제주도의 흙은 70퍼센트가 검거나 회갈색인 화산재로 이루어졌고 자갈과 돌이 많아 농사짓기에 알맞지 않다. 그래서 제주 사람들은 제주도의 밭갈이를 '생선에서 뼈를 발라내는 것 같다'고 말하여 왔다.

가뜩이나 척박한 토양을 일구어 어렵사리 짓는 농사마저 여름철이면 홍수와 가뭄 피해를 입었으며, 가을철이면 또 태풍이 싹 쓸어가 버리곤 하였다. 이렇게 해마다 사람의 힘으로는 어쩔 수 없는 자연 재해가 번갈아 섬을 헤집고 가는 바람에 제주도는 흉년을 많이 겪는 곳이기도 하였다. 그 해에 다행스럽게 가뭄이나 홍수가 찾아오지 않아 애써 가꾼 농

한라산 한라산은 제주도의 중앙에 솟아 있는 화산으로 남한에서 제일 높은 산이다. 제주 전역을 지배하는 한라산은 제주 사람들에게 삶의 터전이자 마음의 의지처 역할을 한다.

메밀밭 하얀 꽃이 풍성한 제주도의 메밀밭은 관광객들에게 서정적인 풍경으로 다가온다. 그러나 제주 사람들에게는 생존 문제와 직결되는 아주 중요한 곳이다.

산물을 제대로 거두었다 하여도 워낙 척박한 토질 때문에 연이어 농사를 지을 수 있는 밭은 얼마 되지 않았다.

이 섬에서는 예로부터 벼농사를 거의 짓지 않았다. 편평한 땅이 매우 드물기도 하였지만, 빗물이 땅속으로 금방 스며들어 논을 만들 수 없었다. 제주도 전체 넓이의 27퍼센트 정도가 경작지인데, 그나마 밭벼라도 심어 가꿀 수 있는 밭도 거의 없어 농사 사정의 어려움을 짐작할 수 있다.

척박한 땅에서 지을 수 있는 농사에는 한계가 있다. 옛 문헌들을 살펴보면 제주도에서는 곡식으로 밭벼, 피, 보리, 조, 콩, 팥, 메밀 같은 것들을 가꾸었고 채소로 무, 배추, 파, 마늘 같은 것들을 가꾸었다고 되어 있다. 그 사정은 많은 세월이 흘러도 크게 달라지지 않았다. 게다가 교통까지 불편하여 먹거리는 늘 부족할 수밖에 없었다.

인내와 지혜로 극복한 환경

시련이 있으면 극복이 있기 마련, 제주 사람들은 척박하고 거친 자연 환경을 인내와 지혜로 극복할 줄 알았다. 제주 사람들의 극복 의지는 제주만의 독특한 생활 방식을 빚어냈다. 그 대표적인 것으로 '주냥'과 '수눌음'을 꼽을 수 있다. 그 속에는 자급자족의 철칙과 내일을 대비하는 절약의 정신 그리고 함께 살아가는 공동체 의식이 함축되어 있다.

제주 속담 가운데 '범벅도 부자간에 금을 그어 먹어라'든가 '제주 사

돌이 많은 화산재의 척박한 토질 제주도의 흙은 70퍼센트가 검거나 회갈색인 화산재로 이루어졌고 사질과 돌도 많아 농사짓기에 적합하지 않다.

람은 굶어 죽으면서도 씨앗주머니만은 차고 죽는다' 등의 말은 부모와 자식 사이에도 의지하지 않는 강한 자립심과 독립심, 그리고 오늘 당장 굶어도 아끼고 아껴 내일 먹을 식량을 비축하여 둘 줄 아는 조냥 정신을 그대로 보여 준다 하겠다.

그런가 하면 밭의 김매기, 수확하기 등 특히 농번기에 당연히 하여야 할 일로 여기던 수눌음이 있었다. 수눌음은 제주 농촌 사회에서 쉽게 볼 수 있는 협동적 노동 형태로서, 품앗이를 통해 힘든 일을 이웃간에 거들어가며 하는 것을 말한다. 제주 사람들은 아무리 힘든 일도 이 수눌음이 있어 이겨낼 수 있었다.

해녀 밭일에 물질에 집안일까지, 제주 여인들은 자신의 어깨를 무겁게 짓누르는 힘겨운 생활을 회피하지 않고 당당하게 맞서 왔다.

제주도에서도 마을의 자연적 입지 조건에 따라 생업의 형태가 다르게 나타난다. 해안에 접하여 있는 마을에서는 농업을 주로 하면서 어업도 하고, 산에 가까운 마을에서는 농업과 축산을 반반쯤 하고, 그 사이에 있는 중산간 마을에서는 농업을 위주로 하면서 축산도 하였다. 하지만 어디에 위치하여 살건 자급자족을 하여야 하였고, 그러기 위해서는 척박한 땅을 일구는 힘든 농사는 필수적이었다.

자연히 일이 많을 수밖에 없었고, 부지런히 일을 하지

빗물받이 먹을 물이 귀하였던 제주도에서는 한 바가지의 물이라도 헛되게 쓰지 않았다. 먹을 물은 길어 왔지만 그 외의 생활용수는 빗물을 받아 사용하였다.

않으면 살아갈 수가 없었다. 특히 여자들은 새벽부터 한밤중까지 일에 파묻혀 살았다. 밭일에 물질에 집안일까지 오롯이 다 여자들의 몫이었다. 어디 그뿐이랴. 지하수가 개발되기 이전 제주도의 물은 식량만큼이나 귀한 것이었다. 물씀씀이에도 조냥이 있어, 먹는 물은 물론이고 허드렛일을 하는 물조차도 알뜰하게 썼다. 제주에는 '돼지 한 마리 잡는 데 물 한 허벅'이라는 말이 있다. 물이 얼마나 귀하였고 또 얼마나 아껴 썼는지를 보여 주는 한 예라 할 수 있다.

먹는 물은 대부분 해안 마을에서 드물게 솟아나는 용천수를 길어다

허벅을 지고 물을 길어 오는 아낙 제주도에서는 물을 긷기 위해 몇 킬로미터씩 걷는 것이 보통이다. 허벅을 진 제주 여인의 모습은 제주를 대표하는 풍경 중의 하나이다.

먹었는데, 산간 마을에 사는 여인들은 먹는 물을 찾아 구덕에 허벅을 지고 멀리는 몇 킬로미터나 되는 길도 걸어서 물을 길어 왔다.

땔감을 구하는 일도 대부분 여자들의 몫이었다. 여인네들이 밭일을 나갔다가 해질녘 돌아오는 길에 '지들거'(장작, 검불 따위의 땔감)를 한 짐씩 지고 들어오는 모습은 수십 년 전까지만 하여도 흔히 볼 수 있는 광경이었다.

이런 독특한 생활 방식을 만들어낸 제주도의 자연 환경은 제주 사람들의 식생활사와 밀접한 관계를 가지고 있다. 화산회토의 척박한 토양과 잦은 바람, 귀한 물 등으로 인해 생산되는 농작물의 종류에 한계가 있을 뿐 아니라 생산량이 적어 먹거리 자체가 귀하였던 것이다.

알뜰하고 소박한 식생활

제주 여인들은 식량을 확보하는 데 급급하다 보니 '요리'를 할 여유가 없었다. '요리'는커녕 식품을 조리하고 저장하는 일도 소홀할 수밖에 없었다. 식량이 귀하다 보니 아끼고 아껴서 꼭 먹을 만큼씩만 만들었고, 일이 많다 보니 시간이 없어 되도록 간단하고 빠르게 만들어 먹는 음식을 찾게 되었다. 이러한 제주 사람들의 생활 환경이 바로 다른 고장에서는 찾아볼 수 없는 독특한 제주만의 음식과 식생활 풍습을 만들어내었다.

생활 터전으로 삼고 있는 마을의 위치라든가 특성, 각 가정의 기호나 생활 정도, 계절 등에 따라 다소 차이가 있긴 하지만 제주 사람들의 밥상 차림은 대체로 보리밥과 된장국, 김치, 젓갈, 된장, 생나물이나 익힌 나물 한두 가지가 기본이었다. 조금 나은 상차림의 경우에도 생선류나 고기 정도가 곁들여지는 게 보통이었다. 이런 상차림은 생활 형편이 나은 집에서도 마찬가지였다. 제주도의 기본 상차림은 반찬수가 적어서 겉으로 보기에는 초라하지만, 국과 반찬류에 생선이 들어가기도 하고, 거의 항상 싱싱한 채소가 곁들여지기 때문에 영양면으로 봐서는 그리 나쁜 편이 아니었다.

낭푼밥상 다른 지방과 달리 제주에서는 밥을 가족 수대로 따로 뜨지 않고 낭푼이라 부르는 놋그릇 하나에 담아 밥상 가운데 두고 가족들이 같이 먹었다.

제주도의 상차림을 보면 과거에는 할아버지나 아버지에게만 외상 또는 겸상으로 상을 차려 드리고 나머지 가족들은 찬마루나 찬방 바닥, 짚을 깐 부엌 바닥에 음식을 차려 놓고 모두 둘러앉아 먹는 경우가 많았다. 여름철이면 마당에 펴놓은 평상이나 멍석 위에서 먹기도 하였다. 이럴 때에는 대개 낭푼이라고 부르는 크고 둥근 놋그릇이나 나무로 만든 남박에 밥을 담아 가운데에 놓고 온 식구가 같이 먹었다. 둥근 두레반상을 사용하기도 하였는데 이때에도 밥은 낭푼에 담아 상 가운데 놓고 국만 각자 한 그릇씩 따로 떠서 먹었다. 이러한 풍경은 쉴새없이 일에 쫓겨 살아야 하는 제주 여인들의 바쁜 생활이 큰 영향을 미쳤다고 할 수 있다.

제주도의 음식들을 보면 자연이 그대로 느껴진다. 산, 바다, 밭, 돌

등 다양한 자연적 조건 위에서 생산되고 채취된 것들을 제철에 섭취하고 저장과 조리 방법 역시 자연 조건을 최대한 이용하여 '자연'에 거스르지 않았다. 그것은 바로 제주 사람들의 생존과 직결된 모습이기도 하다. 그래서 제주도의 향토 음식에서는 제주 사람들의 생활 양식과 기질을 엿볼 수 있는 것이다. 결국 척박하고 거친 자연 환경과 그것을 극복하며 억척스럽게 조달할 수밖에 없었던 귀한 먹거리는 재료의 자연성을 잃지 않은 개성적인 향토 음식을 만들어냈다 하겠다.

예로부터 제주 사람들은 쌀밥을 두고 곱다고 하여서 '곤밥'이라고 불렀다. 그 곤밥을 잔치나 명절, 제사 등 특별한 날에만 지어먹던 것도 그리 오래 전의 일이 아니다. 제주도의 경작지는 논이 아닌 밭 중심이어서 쌀은 주식이 아니었기 때문이다. 쌀이 얼마나 귀하고 구하기 힘든 물건이었는지 제주 여인들 사이에는 '쌀계'라는 것이 다 있을 정도였다.

여름철에는 보리가, 겨울에는 조·메밀·콩 등이 주식이었는데 그나마 가뭄이나 태풍의 피해가 잦아 절약하지 않으면 연명하기 어려웠다. 이런 저런 지역적인 특성 때문에 제주도의 식생활 역시 특이할 수밖에 없었다.

자연 맛을 살린 음식

제주도의 식생활 특성을 먹거리와 연결시켜 정리하여 보면 우선 식단이나 조리 방법이 단조로우면서도 재료 자체의 자연 맛을 많이 살렸다는 것을 알 수 있다. 제주도 음식은 요리법이 간단하면서도 양념을 복합적으로 사용하지 않는다. 여름 밥상의 기본은 보리밥에 국(된장국), 김치, 젓갈(멸치)이거나 보리밥에 국(생선국), 김치, 나물무침이고 겨울에는 주식만 달라져 보리밥 대신 차조밥을 먹었다.

생활 정도에 따라 다소 차이가 있지만 일반적으로 하루 세끼만 먹었고 간식은 거의 없었다. 이것은 절약하는 생활 습성에 기인하는 것으로 중노동을 하는 사람도 간식은 먹지 않았다. 대체로 주식 대용이 되었지만, 세끼 식사 이외의 음식으로 고구마철에는 고구마를 쪄먹고 여름철에는 보리개역과 사탕수수를 심어 그것을 베어 먹었으며 계절에 맞춰 나오는 참외나 수박 등을 먹었다.

이러한 사정으로 인해 제주도에서는 음식이 다양하게 개발되거나 발전하지 못하였다. 다른 고장에서처럼 떡이나 한과류를 수시로 장만하지 못하였으며 잔치, 제사 등 특별한 일이 있을 때나 떡을 먹을 수 있

톳 채취 밥이나 국, 반찬에 두루 넣어 먹을 수 있는 톳은 제주도의 중요한 저장 식품 가운데 하나이다.

젓갈류 제주도에서는 자리젓, 멜젓, 게웃젓과 구살젓을 주로 담가 먹었다.

었다. 재료도 한정되어 좁쌀, 메밀이 주로 사용되었다.

제주도는 육지에 비해 저장 식품이 발달하지 않았다. 보리, 조 등을 양곡으로 보관하는 것은 생활화되었지만 그 외의 다른 식품을 저장하는 기술이나 노력은 부족한 편이었다. 이는 사면이 바다여서 날씨만 거칠지 않으면 언제든지 어패류나 해초류를 채취할 수 있고 기온이 따뜻하여 사계절 신선한 채소를 재배할 수 있기 때문이었다. 제주 사람들은 생식을 많이 하는 편이어서 어류도 싱싱한 채로 먹는 경우가 많았다. 생선을 날로 먹는 물회나 강회, 냉국 등의 음식이 발달되어 있으며 종류 또한 매우 다양하다. 톳이나 모자반 등의 싱싱한 해산물도 냉국의 재료로 많이 쓰인다.

다른 지방에 비해 그리 발달된 편은 아니라 하더라도 자리젓, 멜젓(멸치젓), 게웃젓(전복 내장으로 만든 젓) 등과 선비넉, 돌말림(톳말

보리상외떡 보릿가루에 술을 부어 반죽한 뒤 시간이 지나 부풀어 오르면 반죽을 떼어 소를 넣고 둥글게 만들어 솥에서 찐다.

림), 몸말림(모자반말림), 무말랭이 등은 제주도 특유의 저장 식품이다. 바다로 둘러싸인 제주도는 저장 식품의 재료도 손쉽게 구할 수 있는 해산물을 주로 이용하였다.

제주도에서만 볼 수 있는 독특한 발효 식품도 제주 사람들의 생활 모습을 잘 보여 준다. 제주도는 오래 전부터 '보리쉰다리'를 만들어 먹었는데, 이는 제주도 특유의 대표적인 발효 식품이자 기호 식품이다. 다(茶)류나 식후에 마시는 음료가 많은 편은 아니지만 생활의 지혜에서 얻어진 보리쉰다리와 감주, 오메기술 등은 토속적이고 향토색 짙은 기호 식품이라 하겠다. 특히 보리밥으로 만든 '보리쉰다리'는 쉰보리밥을 버리지 않고 누룩을 넣어 발효시켜 만든, 절약이 몸에 밴 제주 사람만의 알뜰함과 지혜가 만들어낸 음료이다.

보릿가루나 밀가루에 술로 발효한 보리상외떡 또한 제주 특유의 방법으로 만든 발효식품이다. 오늘날에 와서는 '보리빵'이라고 부르고 있지만, 본래 이름은 '보리상외떡'이라 한다. 이외에도 쇠고기보다 돼지고기를 많이 먹었으며, 마당에 닭을 길러 필요할 때 돼지고기보다 쉽게 사용하였다.

제주도의 식생활 특성에는 생활 환경에 적응하고 대처하여 나가려는 제주 사람들의 노력이 들어 있다. 이러한 노력은 오늘날에도 계속되고 있다. 제주도의 산야에는 다래, 머루, 오미자, 볼래, 시러미, 삼동, 으름, 탈(산딸기) 등이 널리 분포되어 있다. 제주도는 이러한 식물 자원이 풍부한 만큼 앞으로 얼마든지 천연 과즙이나 과실주, 잼 등을 특화하여 널리 보급할 수 있다.

단순한 조리 방법

제주 음식에는 고춧가루를 많이 사용하지 않는다. 고추장도 귀하여 돼지고기를 찍어 먹을 때는 간장, 물, 식초, 파, 마늘, 깨소금을 섞고 고춧가루를 약간 뿌린다. '쉬자리'라고 부르는 여름철의 작은 자리는 비늘과 내장 그대로 바닷물에 씻어 통째로 먹는데, 이때도 토장에 식초를 조금 넣고 찍어 먹는다. 이렇게 먹으면 생선 비린내가 없어져 맛이 있다.

국을 끓일 때 배추 같은 것은 칼로 썰지 않고 손으로 잘라 넣는다. 야채는 데쳐서 날된장무침을 하거나 자리젓, 멜젓에 찍어먹는 것이 많다. 배추, 동지나물, 매역(미역), ᄆᆞᆷ, 톳, 호박잎, 콩잎, 양배추, 청각 등은 주로 데쳐서 먹고 콩잎, 유잎(깻잎), 눈맞은 배추, 부르(상추), 패마농(파), 쑥갓, 새우리 등은 생으로 많이 먹는다. 그리고 전을 부칠 때, 간전 같은 것은 메밀가루나 밀가루를 얇게 풀어 간을 하여 앞뒤고

붙여 굳힌 다음 달걀 푼 것을 다시 씌워 부친다.

쌈장을 만들 때는 날된장 그대로 파, 마늘, 깨소금, 고춧가루를 넣고 식용유나 참기름을 약간 쳐서 먹는다. 생선은 대개 조림을 많이 하는데 제주도에서는 이것을 지져먹는다고 한다. 또한 제주도에서는 날된장을 물에 풀어 즉석에서 냉국을 많이 만들어 먹는다. 만드는 방법이 간단한 냉국은 여름철 더위를 씻어내기 위해 만들어 먹기도 하였지만 들에 나가 일을 할 때 재료만 준비하여 가지고 가면 그 자리에서 물을 부어 국을 만들 수 있으므로 이러한 용도로도 많이 이용되었다.

제주 지역 음식에서는 여러 가지 음식 재료를 한데 섞어 만드는 것이 별로 없다. 그래서인지 찌개류는 별로 발달하지 않았다. 그대신 풍부한 수산물을 이용한 음식이 많은데 특히 국에는 어패류를 주로 이용하였다. 육지에서는 어패류로 국을 끓일 때 거의 무를 넣어 끓이지만 이 지역에서는 무뿐만 아니라 배추, 호박 등 다양한 채소류와 미역 등의 해조류를 이용하는 특징이 있다.

제주도의 고유 음식

제주 사람들이 즐겨 먹는 음식 88가지를 계절별로 분류하여 재료와 만드는 방법을 소개한다. 제주도에서만 볼 수 있는 동지짐치나 옥돔국, 새콤한 맛이 더위를 잊게 하는 여름철 음료인 보리쉰다리, 큰일이 있을 때면 으레 끓여 나누어 먹는 몸국, 물에 희석하여 마시는 강술 등 독특한 제주도 음식들이 제주도의 정취를 그대로 느끼게 한다.

각 음식의 이름은 제주도에서 부르는 명칭을 그대로 사용하고 옆에 표준어를 같이 적어 주었다. 음식 만드는 과정에서 등장하는 재료명은 제주 방언을 사용하지 않고 표준어로 표기하여 쉽게 알아볼 수 있도록 하였다.

봄철 음식

동지짐치(동지김치)

제주도 농촌의 집 주변에는 우영밭이라는 것이 있는데 여기에서는 가족들이 먹을 채소를 주로 기른다. 제주도의 따뜻한 날씨는 겨울에도

동지나물무침(왼쪽)**과 동지짐치**(오른쪽) 겨울이 지난 후 김치가 시어져 맛이 없어질 때쯤이면 싱싱한 동지나물이 나와 산뜻한 봄을 느끼게 한다.

채소를 가꾸는데 큰 무리가 없으므로 해마다 우영밭에는 겨울을 넘기는 배추가 심어졌다. 하얀 눈에 파묻힌 우영밭의 파란 배추는 다른 지방에서는 볼 수 없는 인상적인 모습이다.

겨울을 넘긴 배추에서는 봄에 부드러운 꽃대가 올라오는데 이것을 동지(冬枝)나물이라고 부른다. 겨울이 지나면 김치가 시어져 맛이 없어지는데 이때에 맞춰 나오는 싱싱한 동지나물은 입맛을 돋워 준다. 동지짐치는 다른 지방에서는 볼 수 없는 독특한 김치이다.

재료 동지나물, 고춧가루, 마늘, 생강, 멸치젓, 파.

만드는 법 동지나물을 소금에 절인다. 절인 동지나물에 마늘과 생강을 다져 넣고 멸치젓과 고춧가루를 넣어 버무린다.

동지나물무침

재료 동지나물, 된장, 깨소금, 마늘, 참기름.

만드는 방법 동지나물은 김치를 담그는 것 외에 무쳐서도 많이 먹는다. 동지나물을 데쳐서 된장과 깨소금, 마늘 다진 것을 넣고 참기름을 몇 방울 떨어뜨려 무쳐 먹는다. 데친 동지나물은 무쳐 먹지 않고 그대로 양념된장에 찍어 먹기도 한다.

꿩마농짐치(달래김치)

이른봄, 밭에 김을 매러 나갔던 제주 여인들은 돌아오는 길에 달래를 캐다가 김치를 담가 먹곤 하였다. 꿩마농짐치는 재료를 손쉽게 구할 수 있을 뿐만 아니라 봄철 잃어버린 입맛도 되찾아 주므로 봄에 자주 담가 먹었다

재료 달래, 고춧가루, 멸치젓, 마늘, 소금.

만드는 법 달래를 씻어 소금에 약간 절였다가 멸치젓과 고춧가루, 마늘을 넣고 버무려 먹는다.

꿩마농짐치 봄을 알리는 달래의 향긋한 향기가 입맛을 돋운다.

해삼미역냉국

재료 해삼, 미역, 식초, 부추, 참기름, 설탕, 마늘, 간장, 깨소금.

해삼은 12월에서 2월까지가 가장 맛이 있는데 그 효력이 인삼과 맞먹는다고 알려져 있을 정도로 건강에 좋은 해산물이다. 붉은 색을 띠는 제주도 해삼은 특히 맛이 좋다.

만드는 법 해삼의 내장을 꺼내어 얇게 썰고 미역은 데쳐서 잘게 썬다. 부추도 아주 잘게 썰어 놓은 다음 깨소금, 마늘, 식초, 설탕, 간장으로 양념을 한다. 마련된 재료에 냉수를 붓고 섞은 다음 참기름을 한 방울 떨어뜨려 낸다. 간혹 생소라를 썰어 넣기도 한다.

난시국(냉이국)

재료 뿌리째 캔 냉이, 된장, 멸치.

만드는 법 냉이를 뿌리째 깨끗이 씻어 데치거나 날 것 그대로 준비한다. 냄비에 멸치를 끓여 국물을 뽑은 다음 된장을 풀어 넣는다. 냉이를 넣어 국을 끓인다.

난시국 냉이는 봄을 느끼게 하는 대표적인 나물이다.

해삼미역냉국 나른한 봄날, 시원한 해삼미역냉국 한 그릇이 활기를 찾아 준다.

매역새우럭국

매역새는 음력 정월경에 바다에서 새로 돋아나는 어린 미역을 뜻하는 말로 빳빳하고 끓이면 오돌오돌한 맛이 입맛을 돋운다. 제주도의 농어촌에서는 정초의 별미로 이 매역새로 국을 끓여 먹었다.

재료 매역새, 우럭, 소금, 청장, 실파, 마늘.

만드는 법 매역새는 돌에 붙었던 자리를 잘라내고 씻어 놓는다. 우럭은 내장을 제거하는데, 먹을 수 있는 것은 깨끗이 씻어 놓는다. 냄비에 물이 끓으면 우럭을 2 내지 3등분하여 넣는다. 한소끔 끓으면 매역새와 마늘을 넣는다. 실파를 썰어 넣고 청장이나 소금으로 간을 한다.

매역새우럭국 오돌오돌한 매역새의 씹히는 맛과 우럭의 깊은 맛이 어우러진다.

옥돔국

제주 옥돔은 제주 연안에서 주로 잡히는 심해 어족으로 등이 붉은 빛을 띠고 이마가 혹처럼 튀어나와 있다. 살이 단단하면서도 지방이 적고 단백질이 풍부한 것이 특징이다.

제주도에서는 옥돔을 '생성' 또는 '솔라니'라고 부르는데 갈치, 고등어 등의 다른 어류에 비해 매우 귀하게 대접한다. 국을 끓일 때도 옥돔국에는 미역이나 무를 사용하고, 다른 어류를 이용한 국에는 호박이나 배추를 주로 이용하여 국을 끓였다. 미역을 넣어 끓인 옥돔국은 그 맛이 절묘하여 제주도에서는 알아주는 별미에 든다.

재료 옥돔, 미역, 마늘, 청장, 실파.

옥돔은 12월에서 2월까지가 가장 맛이 있다.

만드는 법 옥돔은 비늘을 긁어내고 내장을 제거한 후 4 내지 5토막을 낸다. 미역은 불린 후 씻어서 썰어 놓는다. 끓는 물에 옥돔을 넣고 한소끔 끓인 후 미역을 넣고 마늘, 청장으로 간을 한다. 이때 미역 대신 무나 어린 배추, 퍼데기 배추 등을 사용하기도 한다. 흰살 생선이어서 맛이 담백하다.

옥돔국 제주 옥돔은 살이 단단하면서도 지방이 적고 단백질이 풍부하다.

양애순국(양하순국)

제주도에서 '양애'라고 불리는 양하는 생강과의 여러해살이풀로 독특한 향이 있으며 예로부터 남부 지방 특히 제주도에서 많이 심었다. 원래는 산이나 들에서 자라는 것이었으나 집의 울타리 밑에 재배하여 빗물에 땅이 패는 것도 방지하고 채소로도 이용하였다. 그늘진 곳에 심어야 연하게 자라 먹기에 좋다. 여름의 부드러운 넓은 잎은 쌈으로 싸 먹기도 하고 도시락 한 귀퉁이에다가 된장을 싸 넣는 데 이용하기도 하였다.

재료 봄에 올라오는 양하의 새순, 멸치, 된장.

만드는 법 양하 순의 겉껍질을 벗겨 씻은 다음 5센티미터 길이로 썬다. 된장을 물에 풀어 양하 순을 넣고 끓인다. 멸치를 우려낸 국물에

양하쌈 양하는 반찬으로 유용하게 이용되는 채소이다. 봄철의 순은 국거리로 이용되고 여름철의 부드러운 넓은 잎은 쌈을 싸 먹는다.

양하순국 독특한 양하 향을 느낄 수 있는 국으로 된장을 푼 물에 양하 순을 넣어 끓인다.

끓여 먹기도 한다. 향이 독특하다.

복쟁이고사리지짐(복어고사리지짐)

재료 복어, 고사리, 마늘, 생강, 파, 간장, 설탕, 고춧가루, 식용유.

만드는 법 봄에 나는 복어를 골라 내장과 지느러미 등을 잘 제거하고 깨끗이 씻어 자른 다음 냉수에 담가 놓는다. 햇고사리를 삶아 씻은 다음 냄비에 복어와 고사리를 넣고 조린다.

해삼회 접시 가장자리에 무나 상치 등을 놓고 해삼을 담아낸다.

해삼회

봄철에 제 맛이 나는 해삼은 생으로 먹는 해삼회와 살짝 데쳐 양념하는 해삼토렴으로 애용된다.

재료 해삼, 무, 초고추장, 참기름.

만드는 법 해삼을 길이로 칼금을 넣어 내장을 꺼내어 씻은 다음 생긴 대로 동글동글하게 썰어 참기름을 한두 방울 떨어뜨린다. 무는 강판에 갈아 체에 받친다. 무 국물은 버리고 건더기를 접시 가장자리에 놓고, 접시 가운데 해삼을 놓는다.

해삼토렴

재료 해삼, 무나 배, 간장, 식초, 설탕, 깨소금, 참기름.

만드는 법 해삼회를 만들 때와 같은 방법으로 해삼을 썰어 준비한다. 끓는 물에 소금을 약간 넣고 준비하여 놓은 해삼을 살짝 데친 다음 식힌다. 간장, 식초, 설탕, 깨소금, 참기름으로 양념하여 접시 밑에 무

해삼토렴 해삼토렴은 해삼회와는 달리 살짝 데친 해삼에 갖은 양념을 하여 먹는다.

채나 배채를 깔고 담아낸다. 데친 해삼을 그대로 초고추장에 찍어 먹기도 한다.

오분자기찜

재료 오분자기, 실고추, 깨소금, 파, 마늘, 후추, 간장, 설탕.

12월부터 3월까지가 제철인 오분자기는 조개류로 전복과 비슷하나 크기가 작다. 또한 전복은 껍데기에 3 내지 4개의 구멍이 있으나 오분자기는 7 내지 8개의 구멍이 있다.

만드는 법 오분자기는 소금으로 비벼 씻어 칼금을 살짝 넣는다. 실고추를 잘게 썰고 파, 마늘을 곱게 다져 넣은 다음 후추, 깨소금, 참기름을 넣고 약간의 물을 넣어 잘 섞어 양념을 만든다.

오분자기를 냄비에다 넣어 양념장을 살짝 끼얹은 후 다시 오분자기를 넣어 양념장을

오분자기찜 오분자기는 생김새가 전복과 비슷하나 크기는 훨씬 작다. 양념장을 한 오분자기를 켜켜이 놓고 찌면 맛있는 오분자기찜이 된다.

끼얹는 식으로 켜켜이 놓고, 불 위에 올려 살짝 찐다. 내장이 드러날 정도가 되면 불을 끈다. 오분자기는 불 위에 너무 오래 두면 질기고 맛이 없다.

패마농무침(파무침)

재료 실파, 깨소금, 참기름, 간장.

만드는 법 실파를 끓는 물에 데쳐내어 짧게 썬다. 깨소금, 간장, 참기름으로 무친다.

지름나물무침(평지나물무침, 유채나물무침)

제주 사람들에게 유채는 반찬의 재료나 식용, 의학용, 공업용 기름을 제공하여 주는 중요한 식물이다. 유채가 갓 돋아나면 베어서 육지로 보내는데 제

지름나물무침과 유채 유채는 평지라고도 하며 제주도에서는 지름이라 부른다. 어릴 때는 무쳐서 반찬으로 먹고, 열매는 기름을 짜 식용·의학용·공업용으로 쓴다.

주도에서는 이것을 겨울초라고도 하고 지름(기름) 나물이라고도 한다.

재료 평지나물, 깨소금, 마늘, 간장, 소금, 참기름.

만드는 법 끓는 물에 소금을 넣고 평지나물을 데쳐 냉수에 헹군다. 깨소금, 마늘, 간장, 참기름으로 양념하여 무친다. 날된장을 넣고 무쳐도 맛있다.

ᄆᆞᆷ자반

재료 모자반, 실파, 무, 깨소금, 청장, 마늘, 참기름.

ᄆᆞᆷ은 해초의 일종인 모자반을 일컫는 제주 방언으로 2월부터 5월까지는 날것을 데쳐서 먹는다. 소금기가 있는 그대로 말려서 사철 내내 ᄆᆞᆷ국 끓일 때에 이용하기도 한다.

ᄆᆞᆷ자반 김치를 썰어 넣고 무친 ᄆᆞᆷ자반(왼쪽)과 실파와 무로 무친 ᄆᆞᆷ자반(오른쪽).

만드는 법 생모자반을 끓는 물에 데쳐 씻어 크게 썬다. 실파를 송송 썰어 넣고 다진 마늘과 깨소금, 청장, 참기름을 넣어 무쳐 먹는다. 무채나 배추김치를 썰어 넣어 같이 무치기도 한다.

여름철 음식

보말국

제주도 바닷가에서는 썰물 때 돌멩이를 뒤집어 보면 고둥을 쉽게 잡을 수 있다. 패류의 일종인 고둥은 종류가 다양하나 제주도에서는 통틀어 보말이라고 부른다. 다른 말로 고매기라고도 하는데 죽을 끓여 먹기

보말국 보말은 국을 끓이거나 무쳐 먹기도 하나 삶아 까먹는 맛이 더 좋다.

도 하고 볶아 먹기도 한다. 지금은 사라진 풍경이지만 옛날에는 썰물 때 아이들이 바닷가에서 잡아온 보말을 삶아 저녁 때 온 식구가 둘러앉아 까먹으면서 정을 나누기도 하였다.

재료 보말, 미역, 메밀가루, 마늘, 청장, 후추, 참기름.

만드는 법 보말을 껍질째 소금물에 씻어 삶아 건져서 하나하나 속살을 꺼낸다. 보말 속살을 참기름에 볶다가 물을 넣는다. 끓으면 미역을 씻어 썰어 넣고 마늘 다진 것을 넣은 다음 청장으로 간을 한 후 메밀가루를 물에 풀어 마무리한다. 보말은 국을 끓이는 용도 외에도 간장과 깨소금, 참기름을 넣고 무쳐 반찬으로 만들어 먹기도 한다.

구살국(성게국)

구살국은 제주도에서만 맛볼 수 있는 음식 가운데 하나이다. 성게는 흔하지도 않을 뿐더러 가장 많이 난다는 제주에서도 산모의 산후식과 남자들의 술병을 치유하는 귀한 음식으로 여겨지고 있다. 일반적으로 성게는 5월에서 7월 사이에 가장 맛이 좋다. 특히 제주도에서 나는 성게는 보리 익을 무렵이 가장 맛있다.

재료 성게, 미역, 마늘, 실파, 소금, 참기름.

구살국 밤송이 같은 성게의 겉모습과는 달리 달걀 노른자를 풀어 놓은 듯한 노란 알이 먹음직스럽다.

만드는 법 미역을 참기름에 살짝 볶아 물을 넣고 끓인다. 물이 끓으면 성게를 넣고 다시 한소끔 끓인다. 여기에 마늘 다진 것을 넣고 소금으로 간을 하고 실파를 썰어 넣는다. 구살국을 끓이는 다른 방법으로는 끓는 물에 성게와 미역을 넣고 끓이다가 소금으로 간을 하고 참기름을 떨어뜨리는 방법도 있다.

노란 알이 기름덩어리 같아 보이지만 끓여 놓으면 기름이 떠오르지 않고 마치 달걀 노른자를 풀어 놓은 듯하다. 구살국은 반드시 미역을 넣고 끓이는데, 노랗게 우러난 국물과 부드러운 미역이 어우러진 구수하면서도 깊은 맛이 일품이다. 구살국은 따뜻할 때 먹어야 제 맛을 즐길 수 있다.

호박잎국

재료 연한 호박잎, 멸치, 보릿가루나 메밀가루, 청장 또는 된장.

만드는 법 호박 줄기의 거친 겉줄기를 제거한다. 잎은 앞뒤로 거친 줄기를 안에서 바깥쪽으로 잡아당겨 제거하고 손으로 주물러 씻는다. 우려낸 멸치 국물에 호박잎을 넣고 끓인다. 호박잎이 익으면 국물이 초록빛을 띤다. 지역에 따라 된장을 넣기도 하고 청장으로 간을 하기도 한다. 호박잎국에 보릿가루나 메밀가루를 풀어 넣으면 부드러워 먹기에 좋다.

호박잎국 다른 야채에 비해 부드럽고 소화가 잘 된다.

여름에 입맛을 되살려주는 음식이다. 보릿가루나 메밀가루를 풀어 넣기 때문에 걸쭉하여 국만으로도 충분한 요기가 된다.

배추냉국

지난날 제주도의 농촌에서는 여름철 밭일을 나갈 때 재료와 생수를 준비하여 갔다가 즉석에서 냉국을 만들어 먹곤 하였다. 이때는 냉국류 가운데 특히 배추나 물외(오이)와 같은 채소를 이용한 냉국이 주로 애용되었다.

재료 배추, 토장, 마늘, 깨소금.

만드는 법 배추는 끓는 물에 데쳐서 냉수에 헹군 후 잘게 썬다. 마늘 다진 것과 깨소금, 토장을 넣어 무친 다음 냉수를 붓는다. 제주도에서는 날된장을 그대로 물에 풀어 냉국을 만들어 먹기도 한다. 채소를 이용한 냉국으로 배추냉국 외에도 물외냉국(오이냉국)도 자주 만들어 먹었다. 물외냉국은 오이를 채 썰어 배추냉국과 같은 방법으로 만들어 먹는다. 제주도에서 나는 물외는 개량 오이보다 훨씬 맛있다.

배추냉국 제주도에서는 냉국을 만들 때 날된장을 그대로 풀어서 만든다.

청각냉국 다른 지방에서는 청각을 김장 때 양념과 버무려 김치 속으로 넣는 데 주로 이용하나 손쉽게 청각을 구할 수 있는 제주도에서는 냉국의 주재료로도 이용하였다.

청각냉국

재료 바다에서 채취한 그대로의 날청각, 미역이나 김, 부추, 마늘, 깨소금, 국간장, 식초.

만드는 법 청각을 솥에다 넣고 데치면 청각 자체의 수분에 의해 파랗게 데쳐진다. 이것을 냉수로 헹구어 잘게 썰고 부추도 잘게 썰어 넣는다. 양념에 무쳐 냉수를 붓고 잘 섞어 시원하게 먹는다. 미역을 약간 섞기도 하고 김을 구워 부스러뜨려 넣기도 한다.

오징어냉국

재료 오징어, 깨소금, 오이, 토장, 깻잎, 식초, 부추, 설탕, 풋고추, 청장, 고춧가루, 파, 마늘.

오징어냉국 시원한 냉국 속의 쫄깃쫄깃한 오징어가 여름철의 더위를 씻어 준다.

만드는 법 오징어는 데쳐서 채 썰고 오이, 양파, 깻잎도 채 썬다. 부추는 3센티미터 길이로 썬다. 토장과 다른 양념들을 넣고 골고루 무친 후 냉수를 붓는다. 고춧가루를 넣기도 한다.

톨냉국(톳냉국)

재료 톳, 부추, 토장, 마늘, 깨소금, 식초.

톳은 봄에 수확한 것이 가장 맛있으므로 1월부터 4월까지 채취하여 말려두었다가 사용한다. 채취한 상태 그대로 햇볕에 말리면 소금기가 있어 변하지 않는다. 톳을 날것으로 먹으면 조금 떫은 맛이 있지만 삶아서 말려두면 떫은 맛이 가신다.

톨냉국 톳을 끓는 물에 데쳐 부추와 토장, 마늘 다진 것을 넣고 버무려 냉국을 만든다.

만드는 법 마른 톳을 씻어 물에 잠깐 담갔다가 끓는 물에 데쳐서 냉수에 헹군다. 톳은 길면 짧게 썬다. 부추를 잘게 썰어 넣고 토장과 마늘 다진 것을 넣어 고루 버무린다. 여기에 냉수를 넣어 냉국을 만든다. 기호에 따라 식초를 넣기도 한다.

구쟁기강회(소라강회)

재료 참소라, 오이, 미나리, 깻잎, 고추장, 고춧가루, 마늘, 간장이나 소금, 깨소금, 설탕, 식초.

만드는 법 소라는 껍질에서 살과 내장을 꺼내어 맨 앞에 있는 딱딱한 뚜껑을 떼어버린 후 옆으로 납작하게 썬다. 깻잎은 그세 썰고, 오이

구쟁기강회 손질한 소라에 양념을 하여 무치면 구쟁기강회가 된다. 양념하여 무친 소라에 냉수를 부으면 물회가 된다.

는 어슷썰고, 미나리는 길이 4센티미터 정도로 썬다. 양념으로 토장, 고추장, 고춧가루를 약간씩 넣고 간장, 소금, 깨소금, 마늘 다진 것, 식초, 설탕을 살짝하여 무쳐 준다.

구쟁기물회(소라물회)

재료 참소라, 오이, 미나리, 풋고추, 생강, 마늘, 파, 식초, 고추장, 토장, 간장, 참기름, 깻잎.

만드는 법 참소라는 껍질 속에서 꺼내어 뚜껑은 떼어내고 쓰부뷰을 제거하면서 내장과 분리한 후 엷은 소금물에 씻어 얇게 썬다. 오이는 길이로 2등분하여 어슷썰고, 풋고추도 어슷썬다. 미나리는 4센티미터 길이로 썬다. 준비하여 둔 것들을 모두 합하여 토장, 고추장, 설탕, 식초 등으로 무쳐 냉수를 부어 물회를 만든다.

군벗물회

재료 군벗, 된장, 실파, 부추, 깨소금, 식초, 설탕, 고춧가루, 소금, 참기름.

만드는 법 바다에서 채취한 군벗을 돌 위에 놓고 비비면 거친 검은 껍질이 벗겨진다. 그런 다음 가운데 딱딱한 것을 제거하면 내장도 자연히 꺼내지는데 이것을 데치거나 날로 이용한다. 실파와 부추를 썰어 넣고 된장, 고춧가루, 깨소금, 식초, 설탕, 참기름으로 무쳐 냉수를 부어 물회를 만든다.

갯내음을 가장 많이 느낄 수 있는 음식이다.

한치물회

재료 한치, 오이, 깻잎, 양파, 부추, 홍고추, 풋고추, 토장, 고추장, 고춧가루, 파, 생강, 식초, 마늘, 설탕, 깨소금, 참기름.

만드는 법 한치를 채 썬다. 깻잎, 양파, 부추도 채 썰고 홍고추와 풋고추는 어슷어슷 썰어 놓는다. 이것들을 양념에 무쳐 시원한 물을 넣는다. 한치

한치물회 한치를 데쳐 사용하기도 한다.

물회를 만들 때는 한치를 생으로 사용하기도 하고 데쳐서 사용하기도 한다.

자리물회

자리물회는 제주 지방에서만 맛볼 수 있는 여름철 별미 음식이다. 자리는 자리돔의 준말로 제주 근해에서만 잡히는 생선류의 하나이며 5월에서 8월 사이에 많이 잡힌다. 회, 물회, 구이, 조림, 젓갈 등 다양하게 이용되지만 시원하면서도 진한 국물맛이 일품인 자리물회가 별미로 꼽힌다. 자리는 음력 5월에서 6월 사이에 알을 배고 있으므로 이때가 제일 맛있다. 7월이 넘어 알을 낳고 나면 제 맛을 잃는다.

자리물회에 쓰이는 재료들

자리물회 만드는 법

① 자리의 비늘을 긁어내고 머리, 지느러미를 제거한 후 물에 씻어 채반에 건져 놓는다.
② 머리쪽은 곱게 다지고 자리 가슴의 잔가시가 잘려 나가게 등쪽으로 길게 어슷썬다.
③ 썰어 놓은 자리에 식초를 약간 뿌려 둔다.
④ 토장 등 준비한 양념으로 무친다.
⑤ 야채를 3센티미터 길이로 썰어 양념하여 무쳐 놓은 자리와 섞는다.
⑥ 물을 넣고 간을 맞추어 물회를 만든다. 제피잎을 넣으면 비린내가 없어진다.

재료 자리, 깨소금, 오이, 파, 마늘, 깻잎, 토장, 미나리, 식초, 풋고추, 후추, 재피잎, 참기름, 부추, 설탕, 고추장이나 고춧가루.

만드는 법 자리의 비늘을 긁어내고 양쪽 지느러미를 제거한다. 머리를 눈 있는 쪽으로 내장 있는 데까지 비스듬히 자르되 꼬리는 자르지 않는다. 이렇게 손질하면 자리의 못 먹는 내장이 제거된다. 손질한 자리를 살짝 씻어 머리쪽은 곱게 다진다. 몸쪽은 등쪽으로 어슷썰기를 길게 하면 가슴의 작은 뼈가 잘게 잘라진다. 썰어 놓은 자리에 식초를 약간 뿌려 둔다. 야채들은 잘게 썰고 오이는 채를 썬다. 양념에는 꼭 토장을 사용하여야 비린내를 없앨 수 있다. 자리에 모든 양념을 넣고 무친 후 물을 부어 먹는다. 재피잎을 약간 넣고 먹으면 향도 좋고 비린내도 가신다. 이외에도 자리는 강회로 무쳐 먹기도 하고 된장에 찍어 깻잎에 싸 먹기도 한다.

마농지

마늘종이 올라오기 전에 마늘을 캐서 뿌리부터 5~6센티미터 정도를 잘라 장아찌를 담근다. 이때 잎은 사용하지 않는다.

재료 5월 초 마늘이 아직 영글지 않은 시기의 마늘대, 간장.

만드는 법 엄지손가락 길이로 마늘대를 썰어 식초물에 담갔다가 건진다. 간장에 물을 섞어 끓인 후 건져 놓은 마늘대에 부어서 작은 단지에 담아 햇볕이 잘 드는 곳에 보관한다.

반치지(파초지)

재료 파초, 간장, 마늘, 고춧가루, 깨소금.

파초는 밑동의 것을 이용하여야 아삭거리고 연하다.

만드는 법 작은 항아리에 들어갈 정도의 크기로 파초를 잘라 항아리에 넣고 간장을 붓거나 된장에 묻는다. 소금에 절이는 방법도 있다.

반치지 파초 밑동의 것을 이용하여야 아삭거리고 연하다.

반치지는 마늘채, 고춧가루, 깨소금 등으로 양념하여 먹는데 수분이 많아 오래 보관할 수 없지만 제주 지방에서는 지금도 담가 먹는다. 옛날에는 반치지를 따로 하지 않고 간장 담글 때 메주 띄운 항아리에 파초를 크게 썰어 넣고 3개월 내지 4개월이 지난 후부터 꺼내 먹었다.

우럭콩조림

우럭콩조림은 맛뿐만 아니라 영양가도 높은 음식이다. 일반적으로 빨간 우럭은 펄 속에서 살기 때문에 내장이 까맣다. 그러나 돌우럭 혹은 검은 우럭이라 하는 제주 우럭은 돌 부근이나 해초가 있는 바위에서 살고 물이 더러운 곳에서는 살지 않기 때문에 깨끗하고 맛도 좋다. 우럭은 일년 내내 맛이 변하지 않는다고 하지만, 제주 사람들은 봄부터

우럭콩조림 콩에 밴 우럭의 맛이 구수한 우럭콩조림은 영양가가 매우 높은 음식이다.

여름에 우럭을 많이 조려 먹는다.

재료 우럭, 콩, 간장, 설탕, 마늘, 깨소금, 식용유, 고춧가루.

만드는 법 콩을 살짝 씻어 잘 볶아 놓는다. 우럭은 크면 자르고 작으면 통째로 조린다. 콩과 우럭을 같이 넣고 간장, 마늘 다진 것, 깨소금, 후추, 고춧가루, 식용유를 넣어 오래 조린다. 콩 속에 우럭 맛이 배어 독특한 맛이 난다. 기호에 따라 고춧가루 대신 고추장을 쓰기도 하는데 고추장을 쓰면 약간 텁텁한 맛이 난다. 우럭콩조림을 한 국물은 부루, 유잎, 호박잎 등의 쌈을 싸 먹을 때 쌈장으로 쓰기도 한다.

깅이집장(위)**과 깅이콩볶음**(아래) 방게는 제주도 바닷가 어디에서나 쉽게 잡을 수 있다.

깅이콩볶음(방게콩볶음)

제주도 바닷가 어디에서나 볼 수 있는 방게는 음력 3월에서 4월 보리 익을 무렵부터 제 맛이 나기 시작한다. 그러나 가을에 알을 낳은 후에는 맛이 없어진다. 해안가 돌무더기에서 쉽게 잡을 수 있어서인지 방게를 재료로 한 음식의 종류는 다양하다.

방게는 그대로 간장에 볶아도 좋지만 메밀가루를 범벅해서 볶아도 괜찮다. 방게는 날로 간장에 콩과 더불어 담가 두었다가 먹기도 하며 방게로 끓인 죽은 고급 음식에 속한다.

재료 방게, 볶은 콩, 실파, 간장, 깨소금.

만드는 법 방게는 엷은 소금물로 잘 씻어 놓는다. 냄비에 간장을 약간 넣고 방게를 넣어 색이 빨갛게 될 때까지 잘 볶는다. 볶은 콩과 볶은 방게를 섞어 다시 간장을 넉넉히 붓는다. 콩에 간장이 스며들면 실파와 깨소금을 넣고 골고루 버무린다.

깅이집장(방게범벅)

재료 방게, 밀가루, 소금, 참기름, 깨소금, 실파.

만드는 법 방게를 엷은 소금물에 씻어 물기를 뺀다. 냄비에 참기름을 넣고 뜨거워지면 방게를 넣어 달달 볶다가 소금을 넣는다. 방게가 빨갛게 되면 물을 약간 넣고 끓인다. 깨소금, 파를 썰어 넣고 밀가루를 물에 개어 넣은 후 밀가루즙이 되직하게 되도록 잘 저어 마무리한다.

게웃젓

제주도에서는 전복의 내장을 '게웃'이라 한다. 이것으로 만든 게웃젓은 제주도에서 제일 고급으로 치는 맛있는 젓갈이다.

재료 전복 내장, 전복, 소라, 소금.

만드는 법 전복 내장을 손질한 후 소금을 넣고 버무려 숙성시킨다. 적당히 숙성이

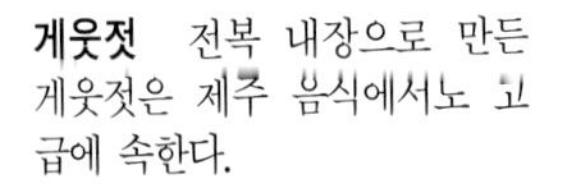

게웃젓 전복 내장으로 만든 게웃젓은 제주 음식에서도 고급에 속한다.

게웃젓 만드는 법

① 살아 있는 전복을 골라 놋수저로 내장이 터지지 않게 조심하면서 껍질에서 꺼낸다.
② 전복 살과 내장을 분리하여 전복 내장에서 먹지 못하는 부분을 제거한다.
③ 손질한 내장을 소금에 넣고 버무려 보관한다.
④ 소금에 버무려 두었던 전복 내장을 꺼내어 썰어 놓는다.
⑤ 썰어 놓은 전복 내장에 전복 살과 소라를 썰어 섞어 두었다가 풋고추, 홍고추, 깨소금 등으로 양념하여 먹는다.

구살젓 영양이 풍부한 구살젓은 밥에 비벼 먹기에 좋다.

되면 소라와 전복을 썰어 넣어 보관하였다가 먹는다. 때로는 풋고추, 홍고추, 깨소금 등으로 양념하여 먹기도 한다.

구살젓(성게젓)

밤송이조개라고도 부르는 성게를 제주도에서는 구살이라고 한다. 성게는 국을 끓여 먹거나 젓을 담글 때 주로 쓰인다.

재료 성게, 소금.

만드는 법 성게에 소금을 넣고 살살 버무려 두었다가 숙성이 되면 양념을 하여 먹는다. 밥에 비벼 먹기도 한다.

자리젓

재료 자리, 소금, 재피잎.

자리젓은 보리가 익을 무렵 담는 것이 가장 좋다. 이때의 자리는 알을 배고 있으며 크기가 작고 기름기가 돌아서 제일 맛이 좋다.

만드는 법 자리는 머리쪽을 두들겨서 소금에 버무려 재피잎으로 덮어 보관한다. 여름철에 뜨거운 햇볕 아래 두면 단내가 나므로 시원하고 그늘진 통풍이 잘되는 광에 보관하여야 한다. 뚜껑을 너무 꼭 닫지 말고 바람이 약간 통하게 해준다.

자리젓에 작은 사각형으로 납작납작하게 썬 무와 물을 넣고 전복 껍질에서 보글보글 끓여 자리젓지짐을 하여 먹기도 한다.

자리젓지짐 얇은 그릇을 사용하면 부식되므로 자리젓지짐을 할 때는 전복 껍질을 사용하였다.(왼쪽)

자리젓 보리가 익을 무렵, 알을 밴 자리를 손질하여 소금에 버무려 두면 맛있는 자리젓이 된다.(오른쪽)

구쟁기구이 소라를 그대로 불에서 구우면 되므로 특별한 손질이나 양념이 필요 없다. 먹을 때는 쓴 부분을 빼고 먹는다.

구쟁기구이(소라구이)

재료 참소라.

만드는 법 소라를 껍질째 석쇠 위에 여러 개 놓고 불을 약하게 하여 굽는다. 시간이 지나면 소라 자체의 국물이 조금씩 위로 올라오면서 골고루 익혀 준다. 자연 상태 그대로 섭취할 수 있어 먹는 맛이 새롭다. 쓴 부분은 빼고 먹는다. 소라는 전복과 같은 장소에서 살고 있으므로 양식을 할 때도 전복과 같이 양식하는 경우가 많다.

전복양념구이

재료 전복, 깨소금, 간장, 설탕, 실고추, 후추, 양파, 참기름.

만드는 법 전복을 껍질에서 분리하여 내장을 제거하고 소금으로 깨끗이 씻는다. 전복 껍질의 구멍은 솜에 식용유를 듬뿍 무쳐 꼭꼭 막아 놓는다. 전복을 생긴 모양대로 썰어 껍질 속에 넣는다. 양파를 갈아 양념장을 만들어 전복에 끼얹고 껍질째 굽는다.

깅이죽(방게죽)

제주도에서는 사월 초파일과 오월 단오를 고비로 하여 조금일 때 바다로 나와 게와 고둥을 잡는다. 특히 사월 초파일날은 연중 해물이 가

전복양념구이 양념한 전복을 껍질에서 구워 먹는 맛이 새롭다.

깅이죽 칼슘 성분이 풍부한 깅이죽은 해녀들이 애용한 음식 가운데 하나이다.

장 많이 잡힌다 하여 사람들이 바닷가로 몰린다.

이때 잡은 방게는 돌방아에 넣어 찧어서 죽을 끓여 먹었다. 칼슘 성분이 풍부한 방게죽은 특히 다리 아픈 데 효과가 있다고 하여 해녀들이 많이 애용하였다.

재료 방게, 쌀, 참기름, 소금.

만드는 법 방게를 절구에 넣고 콩콩 짓이긴 다음 물을 넣고 체로 거른다. 거르지 않으면 껍질이 혓바닥이나 목구멍에 달라붙어 먹기에 좋지 않다.

쌀은 씻어 물에 담갔다가 반알이 되게 으깬다. 참기름에 반알이 된 쌀을 볶다가 체에 내린 방게를 넣어 서서히 저으면서 끓인다. 소금으로 간을 한다.

대합조개죽 대합은 제주도 곽지 쪽에서 나는 것이 맛있다.

대합조개죽

재료 쌀, 대합, 소금, 참기름.

만드는 법 쌀은 물에 담갔다가 건져 놓는다. 대합은 엷은 소금물에 담가 해감을 시킨다. 대합 껍질을 칼로 열어 대합 살을 꺼내 크게 썬다. 냄비에 참기름을 넣고 뜨거워지면 대합 살을 넣어 볶는다. 쌀도 같이 볶다가 물을 넣고 끓인다. 한소끔 끓으면 불을 줄이고 계속 끓이면서 소금으로 간을 한다.

전복죽

옛날 진시황이 불로장생에 좋다 하여 널리 구한 것 가운데 하나가 제주도의 전복이라 한다. 전복은 여름철에 가장 맛이 좋은데 조개류에서

전복죽 전복은 오래 전부터 뛰어난 맛과 영양을 널리 인정받은 귀한 음식 재료이다. 전복죽은 임산부나 어린아이, 노인, 환자의 영양식으로 인기가 높다.

가장 귀하고 값이 비싸 옛날에는 임금에게 진상되기도 하였다. 전복은 체내 흡수율이 높아 임산부, 어린아이, 노인, 환자의 영양식으로 좋다. 감칠맛을 내는 글루타민산이 많으며 단백질이 많고 지방질이 적어 간 기능의 회복에 좋은 것으로 알려져 있다. 전복죽을 끓일 때 전복 내장을 넣고 끓이면 연둣빛이 난다.

재료 전복, 쌀, 소금, 참기름.

만드는 법 전복은 내장이 터지지 않게 꺼내어 분리한다. 소금으로 깨끗이 씻어 얇게 썰고 내장의 불순물을 제거한다. 쌀을 물에 담가 두었다가 반알이 되게 만든다. 냄비에 참기름을 넣고 뜨거워지면 전복을 넣어 살짝 볶아낸다. 내장도 참기름에 따로 볶는데, 볶는 도중 터지게 한다. 다른 냄비에 참기름을 넣고 쌀을 볶다가 물을 붓고 내장 볶은 것과 합하여 죽을 끓인다. 쌀이 퍼지면 전복 볶은 것을 넣어 푹 끓이고 소금으로 간을 한다.

문게죽(문어죽)

재료 문어, 쌀, 참기름, 소금.

만드는 법 문어를 소금으로 잘 문질러 씻어 방에톡(돌방아)에서 짓이긴다. 쌀은 물에 불려 반알이 되게 한다. 참기름에 쌀과 문어를 볶다가 물을 넣고 푹 끓여 소금으로 간한다. 몸이 허약할 때나 식욕이 없을 때 먹으면 식욕을 북돋워 주는데 분홍빛이 돌아 먹음직스럽다.

문게죽 옅은 분홍빛이 우러난다.

문게적(문어적)

재료 문어, 간장, 파, 마늘, 깨소금, 후추, 설탕, 참기름.

만드는 법 문어는 내장을 제거하여 소금으로 비벼 씻은 다음 끓는 물에 살짝 데쳐서 8센티미터의 길이로 썬다. 양념장을 만들어 문어를 무쳐서 꼬챙이에 끼워 굽는다.

문게적 양념장에 무친 문어를 꼬챙이에 끼워 굽는다.

보리쉰다리 새콤한 맛으로 여름철 더위를 씻어 주는 보리쉰다리는 제주 사람들의 알뜰함을 잘 보여 주는 음식이다.

보리쉰다리

보리쉰다리는 제주 사람들이 식생활에서 보여 준 알뜰한 지혜의 산물이다. 여름에 보리밥을 먹다가 그대로 두면 쉬기 쉬운데 제주 사람들은 이것을 버리지 않고 먹을 수 있는 다른 음식으로 만드는 생활의 지혜를 보여 주고 있다.

재료 보리밥, 누룩.

만드는 법 하루나 이틀쯤 지난 보리밥이 부패하기 시작하면 밥에 손가락을 넣어서 쑥 들어갈 정도가 되었는지 살펴본다. 손가락이 들어갈 정도가 되면 보리밥에 물과 잘게 부순 누룩을 넣고 발효시킨다. 여름에는 하루나 이틀 정도, 겨울에는 5,6일 정도 발효시킨다. 밥이 발효되어 뭉글뭉글하게 형태를 알아볼 수 없을 정도가 되면 이것을 체로 걸

보리쉰다리 만드는 법

① 보리밥과 누룩을 준비한다.
② 누룩을 잘게 부순다.
③ 하루나 이틀쯤 두어 부패하기 시작한 보리밥에 손가락을 넣어봐서 쑥 들어가면 물과 누룩을 넣고 발효시킨다.
④ 이틀쯤 지나 발효가 되면 거른 다음 끓여 두고 먹는다.

러서 끓여 마신다.

설탕을 첨가하기도 하는데 설탕의 양에 따라 신맛이 조절된다. 기호에 따라 끓이지 않고 먹기도 하는데 끓일 때보다 새콤한 맛이 더 강하다. 이 고장 사람들이 여름에 마실 수 있었던 유일한 음료이며 남녀노소 구별 없이 누구나 즐겨 마셨다.

보리개역

보리개역은 보리 미숫가루를 말하는 것이다. 육지에서는 미숫가루를 쌀이나 찹쌀로 만들었지만 쌀이 귀한 제주도에서는 엄두도 못낼 일이었다. 그래서 제주 사람들이 고안한 음식이 보리개역이다.

재료 보리, 콩.

보리밥비빔개역 쌀이 귀한 제주도에서는 미숫가루 대신 보리로 개역을 만들어 먹었다.

만드는 법 보리개역은 보리만 볶아 만드는 방법과 보리에 콩을 섞어 만드는 방법 두 가지가 있다. 보리와 콩을 섞을 때는 보리를 볶고 콩도 볶아 같이 갈면 된다. 보리개역은 보리를 바싹 볶아서 빻아 곱게 친 가루이기 때문에 저장성이 좋고 휴대가 간편하다. 보리개역은 보리밥에 비벼 먹기도 하고 음료 대용으로 물에 개어 먹기도 한다. 마소를 돌보는 사람이나 어부들이 휴대용 간식으로 애용하였다.

닭제골

제주도에서는 대부분 봄병아리를 사다가 집에서 놓아 기르는 경우가 많다. 이 병아리는 음력 6월 20일경이면 먹음직스런 중닭이 된다. 음력 6월 20일을 이 고장에서는 '닭 잡아먹는 날'이라고 하는데 한 집에

닭제골 여름철 더위를 이겨내기 위한 보신용 음식이다.

닭제골 만드는 법

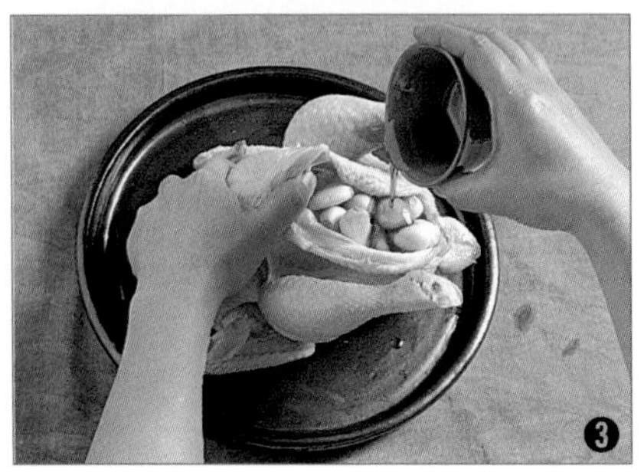

① 솥 속에 물을 넣고 빈 뚝배기를 엎어 그 위에 대꼬챙이를 걸친다.
② 항문 위쪽에서 칼금을 짧게 넣어 닭의 내장을 모두 꺼낸 후 깨끗이 씻어 물기를 뺀다. 닭 속에 참기름을 골고루 바른다.
③ 닭 속에 마늘을 가득 채운 후 마늘 위에 참기름을 약간 떨어뜨린다.
④ 뚜껑을 덮고 중탕을 하면 빈 뚝배기 속에 닭의 진국이 모두 빠져 나온다. 닭고기는 푸석푸석해져서 맛이 없다.

보통 두어 마리의 닭을 잡아 온 식구가 나누어 먹었다. 내장을 꺼낸 닭 속에 마늘이나 인삼을 넣어 백숙이나 죽을 만들어 먹기도 하고 닭제골을 만들어 먹기도 한다.

재료 닭, 마늘, 참기름, 뚝배기, 대나무, 솥.

만드는 법 닭 속에 참기름을 바르고 마늘을 많이 넣는다. 솥에 물을 약간 넣고 빈 뚝배기를 가운데 놓는다. 그 위에 대꼬챙이를 여러 개 걸쳐 놓고 속을 채운 닭을 얹어 중탕을 하면 닭의 진국이 모두 빈 뚝배기 속으로 빠진다. 진국이 빠진 닭고기는 푸석푸석하여 맛이 없어진다. 닭제골은 몸이 약한 사람이 보신용으로 많이 먹었다.

가을철 음식

고등어배추국

재료 고등어, 어린 배추, 마늘, 청장, 풋고추, 실파.

만드는 법 고등어는 싱싱한 것을 골라 내장을 제거하고 너댓 토막을 낸다. 어린 배추는 깨끗이 씻어 2등분하거나 잘게 썬다. 냄비의 물이 끓으면 고등어를 넣는다. 잠시 후 물이 다시 끓기 시작하면 준비하여 둔 배추와 마늘을 넣는다. 간장으로 간을 하고 풋고추와 파를 썰어 넣는다.

갈치호박국

귀한 손님이 오면 물 좋은 갈치를 사다가 국을 끓여 주는 것이 제주도 사람들의 극진한 손님 접대 방법이다. 제주도의 갈칫국은 그곳 사람들이 오랫동안 먹어 온 토속 음식으로 영양이 풍부하고 맛도 뛰어나 많은 사람들이 즐겨 먹고 있다.

갈치호박국 ᄀ실갈치에 ᄀ실호박으로 끓인 갈치호박국은 영양이 풍부하고 맛이 좋아 귀한 손님이 오면 대접하는 음식이다.

여름에는 갈칫국에 파란 배추를 넣어 끓이기도 하나 추석이 지나면서부터는 누런 호박을 큼직큼직하게 썰어 넣고 국을 끓인다. 이때가 갈칫국의 제 맛을 즐길 수 있는 때인데 ᄀ실갈치(가을철에 나는 갈치)에 ᄀ실호박(가을철의 늙은 호박)이 최고로 맛있다는 말을 실감하게 한다.

재료 갈치, 호박, 풋고추, 마늘, 실파, 청장.

만드는 법 갈치는 은비늘이 붙은 상태에서 지느러미를 제거하고 내장을 뺀 다음 크게 토막을 낸다. 물이 끓으면 갈치를 넣고 다시 끓으면 잘익은 호박을 썰어 넣고 마늘 다진 것을 넣는다. 한소끔 끓으면 풋고추와 실파를 썰어 넣고 국간장으로 간을 한다. 갈치호박국은 금방 끓여 뜨거울 때 먹어야 비린내도 나지 않고 제 맛을 즐길 수 있다.

멜국(생멸치국)

재료 멸치, 배추나 미역, 마늘, 국간장.

만드는 법 멸치는 머리와 내장을 빼고 소금물에 씻어 놓는다. 배추나 미역도 씻어 놓는다. 끓는 물에 멸치를 넣고, 한소끔 끓으면 배추를 손으로 잘라 넣는다. 마늘 다진 것을 넣고, 간은 국간장으로 한다. 요즘에는 홍고추를 넣기도 하나 옛날에는 풋고추철이면 풋고추만 넣었고 기호에 따라 후추를 쳐서 먹기도 하였다.

양애간국

양애간은 양하의 꽃이 피기 전 추석을 전후하여 나오는 자줏빛 봉오리를 말한다. 양애간은 나물로도 무쳐 먹고 김치도 담가 먹으며 국이나 산적도 만든다.

재료 양애간, 멸치, 토장.

만드는 법 양애간을 살짝 데쳐 납작하게 썰고 멸치는 내장을 제거한다. 물에 된장을 풀어서 멸치를 넣고 끓인다. 멸치는 건져내고 양애간 썬 것을 넣어 끓인다.

양애간무침

재료 양애간, 깨소금, 소금, 간장, 참기름.

만드는 법 양애간은 겉잎을 다듬고 끓는 물에 소금을 넣고 삶아 손으로 찢는다. 깨소금, 간장, 참기름을 넣고 무쳐 숙채로 먹는데 추석 제상에 꼭 올리는 음식이다.

양애간지(양하장아찌)

재료 양애간, 식초, 간장, 설탕.

만드는 법 양애간은 겉잎을 다듬어 놓는다. 간장에 식초와 설탕을

양애간지 양하의 자줏빛 꽃봉오리로 만든다. 양애간은 무쳐 먹기도 하고 국을 끓여 먹기도 하는 등 쓰임새가 다양하다.

넣어 끓여서 미지근하게 식힌 다음 양애간에 직접 붓는다. 오래 보관하려면 3일쯤 있다가 간장을 다시 끓여 식혀서 붓기를 세 번 정도 한다.

고춧잎멸치젓무침

재료 고춧잎, 멸치젓, 깨소금, 마늘, 고춧가루.

만드는 법 고춧잎은 끓는 물에 살짝 데쳐서 씻어 물을 꼭 짠다. 멸치 젓국과 깨소금, 마늘 다진 것을 넣고 고춧가루를 약간 넣어 무친다. 간장, 참기름을 넣어 무치기도 하고 고춧가루를 넣지 않기도 한다.

ᄆᆞ몰잎무침(메밀잎무침)

재료 메밀잎, 깨소금, 마늘, 간장, 참기름.

만드는 법 메밀잎 어린것을 택하여 깨끗이 씻는다. 끓는 물에 메밀잎을 데쳐서 씻은 후 꼭 짠다. 마늘, 깨소금, 간장, 참기름으로 무친다. 토장에 무치기도 한다. 메밀잎의 풋풋한 냄새가 식욕을 돋운다.

군벗젓

재료 군벗, 소금, 고춧가루, 깨소금, 실파, 마늘.

만드는 법 군벗은 검은 껍질을 돌에 비벼 씻는다. 다음으로 가운데 딱지를 떼고 소금물로 씻은 후 다시 소금을 뿌린다. 어느 정도 숙성이 되면 2등분을 하거나 그대로 고춧가루, 깨소금, 실파, 마늘을 다져 넣는다.

군벗젓(위)**과 군벗**(옆) 군벗을 손질할 때는 검은 껍질을 돌에 비벼 씻은 다음 가운데 딱지를 떼어내면 된다.

돗새끼회(돼지새끼회)

재료 돼지새끼보, 파, 마늘, 생강, 식초, 설탕, 소금, 국간장이나 소금, 후추, 깨소금, 참기름.

만드는 법 돗새끼회는 돼지새끼를 보째 생으로 곱게 다져서 물을 넣지 않고 갖은양념을 하여 먹는다. 다른 것보다 마늘을 많이 넣어야 좋다.

돼지가 새끼를 가져 1개월 반에서 2개월 사이가 되었을 때 먹는 것이 가장 부드럽다. 분홍빛이 나는 이 회는 통째로 다지기 때문에 먹을 때 씹히는 맛이 매우 좋다.

돗새끼회 재료가 주는 혐오감으로 비위가 상하는 사람도 있으나 먹어 보면 의외로 씹히는 맛이 그만이다.

멜조림(멸치조림)

멸치는 옛날부터 많이 어획된 어류 가운데 하나이며 오늘날에도 우리나라 연근해에서 가장 많이 잡힌다. 멸치 어획의 역사가 오래된 만큼 멸치는 음식에 여러 용도로 이용되었다. 대부분의 국에는 멸치를 우려낸 국물이 쓰이며 젓갈, 조림 등 다양한 반찬으로 우리 밥상에 올라오고 있다. 특히 제주도의 멸치는 길이가 10센티미터를 넘을 정도로 큰데 멜조림은 머리와 내장을 제거하고 펴서 말린 멸치를 짭짤하게 조리기 때문에 보리밥과 잘 어울린다.

재료 마른멸치, 풋고추, 간장, 식용유, 설탕, 마늘.

만드는 법 마른멸치를 식용유에 살짝 볶은 다음 물, 간장, 설탕을 넣고 조린다. 마늘도 다져 넣고 풋고추도 몇 개 썰어 넣는다.

지실죽(감자죽)

재료 감자, 쌀, 참기름, 소금.

만드는 법 감자를 잘게 썰어 물을 넉넉히 넣고 잘 삶는다. 쌀은 물에 담가 두었다가 물기를 빼고 잘 으깨어 반알이 되게 한다. 참기름에 쌀을 볶다가 잘 익은 감자와 감자 삶은 물을 넣고 중간불로 끓이다가 소금으로 간을 한다.

지실죽 푹 삶은 감자와 으깬 쌀로 죽을 끓인다.

고등어죽 가을에 나는 싱싱한 고등어로 끓인 죽은 식기 전에 먹어야 제 맛이 난다.

고등어죽

재료 고등어, 쌀, 실파, 소금, 참기름.

만드는 법 가을에 싱싱한 고등어를 구하여 내장을 빼고 소금을 약간 뿌려 놓는다. 쌀은 물에 불려 놓는다. 준비된 고등어를 끓여 살과 뼈가 분리될 정도가 되면 건져 가시와 뼈를 모두 제거한다. 냄비에 참기름을 넣고 불린 쌀을 볶다가 고등어 삶은 물을 붓는다. 쌀이 퍼지기 시작하면 고등어살을 넣고 끓인다. 소금으로 간을 하고 파를 넣어 마무리한다. 뚝배기에 담아 뜨거운 때 먹어야 한다.

옥돔을 이용하여 고등어죽과 같은 요리법으로 죽을 끓이기도 한다.

고등어죽 만드는 법

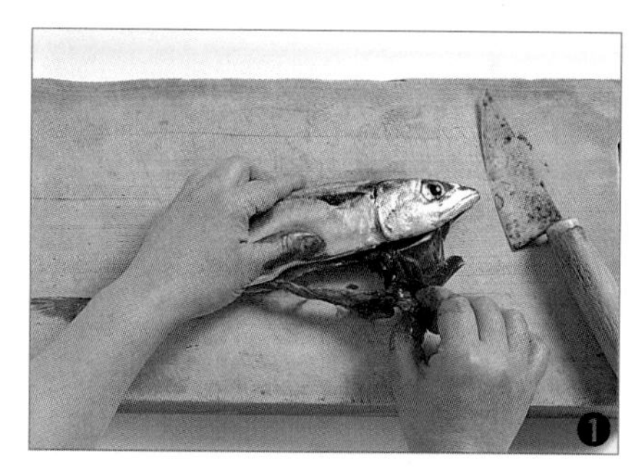

① 고등어 내장을 깨끗이 제거하여 씻는다.
② 끓는 물에 손질한 고등어를 넣고 끓이다가 살과 뼈가 분리될 정도가 되면 건진다.
③ 가시와 뼈를 제거하고 살을 분리하여 놓는다.
④ 물에 불려서 건져 놓은 쌀을 참기름에 볶다가 물을 넣는다. 어느 정도 쌀이 퍼지면 고등어 살을 넣고 죽을 끓인다. 소금으로 간을 하고 파를 썰어 넣는다.

겨울철 음식

흐린좁쌀밥(차조밥)

곡식이 넉넉하지 않은 제주도에서는 과거 봄과 여름에는 주로 보리밥을, 가을과 겨울에는 보리를 섞은 조밥을 먹었고 가끔 톨밥이나 파래

흐린좁쌀밥 제주도에서는 봄과 여름에는 보리밥, 가을과 겨울에는 조밥을 주로 먹었다.

밥, 감제밥도 먹었다. 제주 사람들은 일년의 반 이상을 조밥을 먹고 지냈는데, 제주도의 화산회토 토양이 조를 키우는 데 적절하여 조의 수확이 잘되었기 때문이다. 좁쌀은 크게 차조와 메조로 나누는데 차조를 흐린좁쌀, 메조를 모인좁쌀이라고 한다.

재료 차조, 팥, 보리쌀.

만드는 법 먼저 보리쌀을 삶아 놓고, 팥도 터지지 않게 삶아 놓는다. 차조에 보리쌀과 팥 삶은 것을 넣고 밥을 짓는다. 차조의 분량이 5이면 보리쌀은 1, 팥은 4분의 1 분량으로 한다.

고구마차조밥

고구마는 음력 9월경까지는 삶아 먹지만 겨울이 되어 곡식이 모자라면 밥을 할 때 같이 넣어 곡식의 부족한 양을 보충하였다.

고구마차조밥 곡식이 귀한 제주도에서는 고구마 등으로 밥의 양을 불려 허기를 채웠다.

재료 검은 차조, 고구마.

만드는 법 차조를 씻어 밥을 할 때 고구마를 채 썰어 넣고 한다. 이때 보리쌀 삶은 것을 약간 섞기도 한다.

파래국

재료 참파래, 멸치, 된장.

파래는 보통 말렸다가 사용하는데, 12월부터 2월 사이에 나는 파래가 가장 맛이 있으므로 이때의 파래를 사용하면 좋다.

만드는 법 참파래를 물로 살짝 씻는다. 냄비에 된장을 풀어 멸치 국물을 뽑는다. 멸치는 건져내고 국물에 파래를 넣어 국을 끓인다.

파래국 파래는 12월부터 2월 사이에 나는 것이 가장 맛있다.

놈삐짐치(무김치)

재료 무, 고춧가루, 마늘, 생강, 파, 멸치젓, 소금.

만드는 법 겨울 무를 크게 썰어 소금에 약간 절였다가 씻어서 물기를 뺀다. 멸치젓에 파, 마늘, 생강, 고춧가루를 섞어 양념을 만든다. 절여진 무에 준비하여 둔 양념을 넣고 골고루 버무려 단지에 담는다. 푹 익으면 꺼내 먹는다.

호박탕쉬 (호박무침)

재료 호박, 실파, 국간장, 소금, 참기름, 깨소금.

만드는 법 늙은 호박의 껍질을 벗겨 두께 0.7센티미터 정도로 썬다. 이것을 끓는 물에 삶아 건져 놓는다. 실파는 송송 썰어 넣는다. 간장, 깨소금, 소금으로 간을 하고 참기름을 쳐서 골고루 무친다.

콥대사니무침(풋마늘무침)

제주도에서 콥대사니란 풋마늘을 뜻한다. 콥대사니는 보편적으로 장아찌를 담그는 데 쓰이나 삶아서 무쳐 먹기도 한다.

재료 풋마늘, 깨소금, 간장, 참기름.

만드는 법 겨울에 눈 맞은 풋마늘을 캐다가 씻어 끓는 물에 데친다. 찬물에 씻어 먹을 만큼씩 썰어 깨소금, 간장, 참기름으로 무친다.

콥대사니무침 옛날에는 겨울에 눈 맞은 풋마늘을 캐다가 무쳐 먹곤 하였다.

옥돔구이 노릇노릇하게 구워진 옥돔이 식욕을 돋운다.

옥돔구이

재료 옥돔, 소금.

만드는 법 생옥돔의 비늘을 긁어내고 배를 반으로 갈라 내장을 꺼낸 후 씻는다. 소금을 뿌려 말렸다가 석쇠에서 노릇노릇하게 굽는다. 팬에 식용유를 조금 넣고 마른 옥돔을 적당히 잘라서 굽기도 한다.

꿩토렴

제주 꿩은 육지의 꿩보다 몸집은 다소 작지만 깃털 빛깔이 유난히 아름답다. 꿩고기는 가을로 접어들면서 맛있어지기 시작하는데 봄부터

꿩토렴 꿩의 가슴살로 만든 꿩토렴은 먹는 방법이 샤브샤브와 비슷하다.

여름까지는 꿩의 산란기여서 이때는 화려하던 깃털도 퇴색하고 살도 별로 맛이 없다. 예전에는 겨울에 꿩을 잡아오면 눈 위에 그대로 두어 꽁꽁 얼렸다가 가슴살을 저며 육회로 먹고 나머지는 포를 떠 찬바람에 꾸덕꾸덕 말려 육포를 만들어 술안주로 썼다.

재료 꿩, 무, 표고, 미나리, 당근, 생강, 식초, 된장, 간장, 하귤즙, 참기름.

만드는 법 꿩의 가슴살 쪽을 얇게 썰어 접시에 담는다. 무는 길이 7센티미터, 폭 3센티미터, 두께 0.3센티미터 정도로 썬다. 당근도 무처럼 썰어 꿩 옆으로 담고 표고도 크게 썬다. 미나리는 잎을 다듬고 7 내지 8센티미터 정도로 썰어 담는다. 꿩뼈 삶은 물을 냄비에 넣고 생강을 납작하게 썰어 띄운다. 물이 끓으면 무를 넣고 가슴살을 빨래 헹구듯이 익혀 된장소스를 찍어 먹어가면서 야채들을 익혀 먹는다.

된장소스는 꿩뼈를 삶은 물에 참깨를 갈아 넣고 된장, 간장을 풀어 만든다. 이 찍어 먹는 양념장은 참깨, 들깨, 간장, 하귤즙을 넣어 다양하게 만들어 꿩토렴에 곁들여낸다. 샤브샤브와 먹는 방법이 비슷하다.

꿩만두

재료 메밀가루, 밀가루, 꿩고기, 파, 마늘, 두부, 생강, 후추, 깨소금, 소금, 참기름.

만드는 법 메밀가루에 밀가루를 약간 섞어서 반죽한다. 꿩고기는 곱게 다지고 두부는 물기를 뺀 다음 파, 마늘, 생강 다진 것과 후추, 깨소금을 넣는다. 소금으로 간을 하고 참기름을 넣어 소를 만든다. 메밀가루 반죽으로 피를 만들어 하나하나 소를 넣고 만두를 빚는다. 꿩뼈를 고은 국물에 넣어 익힌다. 소금으로 간을 한다.

꿩ᄆᆞ몰칼국수(꿩메밀칼국수)

재료 꿩, 메밀가루, 무, 깨소금, 소금, 청장, 실파.

꿩 가슴살은 토렴으로 이용하고 나머지로 국수를 만든다.

만드는 법 꿩을 뼈째 자근자근 두들겨서 푹 삶는다. 다리살을 찢어 놓는다. 메밀가루를 반죽하여 밀대로 밀어 가지런히 썰고 무도 채 썬다. 꿩 국물에 메밀칼국수와 무채를 넣어 끓인 다음 소금이나 청장으로 간을 한다. 그릇에 떠 놓고 깨소금을 뿌린다. 제주도에서는 메밀을 사용하여 음식을 만들 때 꼭 무를 약간씩 넣는다. 대접하여야 할 사람이 많을 때에는 메밀국수를 삶아 건져 두었다가 손님이 오는 대로 국물에 넣으며 내기도 하지만 이럴 때는 맛이 약간 떨어진다.

꿩만두 메밀로 만든 만두를 꿩뼈를 우려낸 국물에 넣어 익힌다. (위)

꿩ᄆᆞ몰칼국수 제주에는 꿩고기를 이용하여 여러 가지 음식을 만든다. (아래)

ᄆᆞ몰ᄊᆞᆯ죽 메밀과 쌀로 끓여서 부드러우므로 먹기에 좋다.

ᄆᆞ몰ᄊᆞᆯ죽(메밀쌀죽)

재료 메밀, 쌀, 물, 소금, 참기름.

만드는 법 쌀을 씻어 물에 담갔다가 건진다. 메밀은 씻어 놓는다. 냄비에 참기름을 넣어 달군다. 냄비가 뜨거워지면 쌀과 메밀을 넣어 볶은 다음 물을 넣어 끓이다가 소금으로 간을 한다. 이 죽은 부드럽게 잘 넘어가 먹기에 좋다.

콩죽

재료 콩가루, 쌀이나 노란 좁쌀, 달래, 소금.

만드는 법 콩가루를 물에 풀어 놓는다. 노란 좁쌀은 물에 담갔다가 건진다. 냄비에 노란 좁쌀과 물을 넣어 눌어붙지 않게 저으면서 끓이다가 콩가루 갠 것을 넣는다. 죽이 다 되면 소금으로 간을 한다. 달래를 길게 썰어 넣고 한 번 더 끓여 마무리한다.

말고기육회

제주도의 중산간 마을에서는 조랑말이 많기 때문에 다른 지방보다 손쉽게 말고기를 접할 수 있었다. 말고기는 다리 아픈 데 효과가 있다는 말이 있어 약용으로 주로 이용하였다.

재료 말고기의 다리살, 후추, 배, 양파, 생강, 마늘, 깨소금, 설탕, 간장, 참기름.

만드는 법 말고기는 결 반대로 곱게 채 썬다. 생강, 마늘은 곱게 다지고 양파는 아주 얇게 채 썬다. 말고기채에 갖은양념을 한다. 접시에

말고기육회 말고기는 제주도 중산간 지방에서 주로 식용하였다.

배채를 깔고 육회를 담는다. 쇠고기육회에는 생강을 넣지 않지만 말고기육회에는 생강을 넣는다.

ᄆᆞ몰고구마범벅(메밀고구마범벅)

메밀은 아무것도 버릴 것이 없으므로 제주도에서는 없어서는 안 될 구황 작물이다. 여름 작물이 홍수나 폭우, 가뭄의 피해로 수확을 기대하기 어려울 때 메밀을 파종하는데, 일조량이 짧고 가을이 빨리 오는 중산간에서 특히 많이 재배한다. 어릴 때는 나물로, 자라서 꽃이 피고 나면 뿌리만 놔두고 나머지는 썰어 솥에 오래 끓여 죽을 만들어 먹는다. 가축의 사료가 되기도 하고 심한 흉년이 들 때는 메밀대를 삶아 먹으면서 허기를 달래기도 하였다. 메밀가루는 뜨거운 물에 타면 곧바로

ᄆᆞ몰고구마범벅 고구마의 날싹지근한 맛과 메밀이 잘 조화된다. 제주도에서는 고구마 외에도 무, 호박, 톳, 넓패 등으로 범벅을 만들어 먹었다.

먹을 수 있기 때문에 들에 마소를 돌보러 나갈 때 비상 식량으로 이용하기도 하였다.

재료 고구마, 메밀가루, 소금.

만드는 법 고구마를 크게 썰어 물에 소금을 약간 넣고 끓인다. 고구마가 거의 익었을 때 메밀가루를 넣고 골고루 익히면, 익은 고구마에 메밀가루가 잘 부착되면서 범벅이 된다. 고구마 외에도 무, 호박, 톳, 넓패 등을 넣어 만들어 먹기도 하였는데 이것은 영양의 균형면에서 봐도 매우 지혜로운 방법이라 할 수 있다.

ᄆᆞᄆᆞᆯᄌᆞ배기(메밀수제비)

재료 메밀가루, 소금.

제주도에서는 산모의 산후식에 메밀을 이용하였는데 의학적으로도 메밀은 변비를 없애 주고 고혈압이나 산모의 산후 조리에 좋다고 한다.

만드는 법 메밀가루에 소금을 약간 넣고 뜨거운 물로 묽은 반죽을 한다. 냄비에 물이 끓으면 메밀 반죽을 수저로 떠 넣는다. 수저에 뜨거운 물을 매번 적시면서 한 수저씩 떠 넣고 소금으로 간을 한다. 이 음식은 산모들이 피가 맑아진다 하여 많이 이용하였는데, 산모용으로 끓일 때는 미역을 넣기도 한다.

ᄆᆞᄆᆞᆯᄌᆞ배기 ᄆᆞᄆᆞᆯᄌᆞ배기를 먹으면 피가 맑아진다 하여 산모들이 많이 먹었다.

당유자차

당유자는 제주 농촌의 가정에서 식생하는 당유자나무의 열매로, 주로 한약재로 사용하였으나 생활 수준이 향상되면서 차로 많이 먹고 있다.

재료 당유자, 설탕.

만드는 법 당유자를 잘 씻어 8등분 길이로 자른 다음 하나하나 옆으로 곱게 채 썰어 설탕에 절인다. 뜨거운 물에 풀어 차로 마신다. 여름에는 냉수에 풀어 마시기도 한다.

오메기술

순곡주인 이 술은 다른 쌀술과는 달리 좁쌀의 독특한 향기와 새콤하면서도 부드러운 맛이 특징이다. 잘 만들어진 술은 빛이 곱고 입에 착 달라붙는 감칠맛과 함께 톡 쏘는 특유의 술맛이 있다.

노릇노릇한 기름이 위에 도는 청주는 귀하게 여겨 잔치, 제사, 굿 등에 쓰이고 탁배기는 농주(農酒)로 이용하였다. 곡주이므로 영양이 풍부하고 특별한 안주 없이도 마실 수 있는 술이다.

재료 차조, 누룩.

만드는 법 차조가루를 반죽하여 오메기떡처럼 둥글게 빚어서 끓는 물에 넣어 삶는다. 이때 솥 밑에 떡이 눌어붙지 않도록 주의하여야 한다. 익으면 떡이 물 위로 떠오르는데 이것을 차례로 건져서 뜨거울 때 떡 삶은 물을 조금씩 부으면서 짓이긴다. 누룩을 잘게 부수어 넣는데 이때 좁쌀의 양이 3이면 누룩의 양은 1이 되도록 한다. 된죽보다 조금 묽게 잘 섞여진 반죽을 술독에 넣고 뚜껑을 덮는다.

온도의 변화가 적도록 옷이나 이불로 싸서 한 달쯤 발효시킨다. 술항아리에서 술이 잘 발효되도록 하루에 몇 차례씩 저어 준다. 어느 정도 발효되어 술이 괴기 시작하면 덧술을 한다. 발효되는 과정에서 위의 것을 청주라 하고 밑에 있는 것을 탁배기라고 한다.

골감주 좁쌀밥은 하여 뜨거울 때 엿기름을 넣고 미지근한 물을 섞어 두면 표면에 거품이 생기면서 발효가 되는데 이때 걸러서 끓여 감주를 만든다.

골감주

재료 검은 차조, 골(엿기름).

만드는 법 좁쌀밥을 하여 뜨거울 때 엿기름을 넣고 미지근한 물을 섞어 둔다. 표면이 보글보글 거품이 일며 발효가 되면 걸러서 끓여 감주를 만든다. 단맛이 나 먹기에 좋다.

사철 음식

톨밥(톳밥)

곡식이 부족한 제주도에서는 밥에 톳이나 파래, 고구마 등 다양한 재료를 넣어 양을 불려서 먹었다.

재료 보리쌀, 톳, 쌀.

만드는 법 보리쌀은 삶아 놓고, 쌀을 씻어 톳을 손으로 뜯어 넣어서 밥을 짓는다. 빛깔이 시커먼 톨밥은 뜨거울 때는 먹을 만하지만 식으면 바스러져서 먹기가 어렵다. 말린 톳을 사용할 때는 하루 전에 물에 담가서 짠맛을 우려낸 다음 사용한다. 뜨거운 물에 담그면 더 빨리 불어난다.

톨밥 톨밥은 뜨거울 때 먹어야지 식으면 바스러져서 먹기가 어렵다.

몸국 제주도에서는 잔치 때면 몸국을 끓여 마을 사람들과 나누어 먹었다.

몸국(모자반국)

제주도에서는 큰일이라 하여 결혼식이나 장례식, 소기, 대기 등에 돼지를 잡는다. 결혼식 때는 아들, 딸의 혼기에 맞추어 미리 돼지를 기르고 장례식 때는 동네 큰 돼지를 사서 추렴한다. 큰 가마솥에서 돼지와 순대를 삶고 나면 국물은 진한 육수가 된다. 이 육수를 가지고 몸국을 끓인다. 모자반은 지방을 흡수하고 비계의 역한 냄새를 없애 주므로 많이 먹어도 배탈이 나지 않는다.

결혼식의 잔치 전날(가문잔치)에도 몸국은 꼭 먹는다. 남녀노소 가리지 않고 누구나 먹을 수 있는 영양이 풍부한 음식으로 마을 사람들의 구수한 인정을 느낄 수 있다.

재료 돼지고기 삶은 국물, 소금, 김지, 우수, 모사반, 메밀가루나 보리가루 또는 밀가루, 미역귀(장간막, 돼지 내장).

만드는 법 돼지를 삶고 난 육수에 모자반을 넣고 김치도 있으면 약간 넣고 미역귀를 썰어 넣어 끓인다. 모자반은 말린 것을 사용하는데 제철일 때는 데쳐서 사용하기도 한다.

톨무침(톳무침)

재료 톳, 멸치젓, 부추, 파, 마늘, 깨소금, 고춧가루.

만드는 법 제철인 톳을 끓는 물에 데쳐서 무친다. 젓국에 무치는 방법, 두부와 섞어 무치는 방법, 초고추장에 무치는 방법 등이 있다. 마른 톳은 물에 불려 여름에 냉국으로 먹기도 한다.

톨무침 톳은 젓국이나 두부, 고추장 등으로 다양하게 무칠 수 있다.

건옥돔국

재료 건옥돔, 무, 마늘, 실파, 소금, 쌀뜨물.

만드는 법 건옥돔은 깨끗하게 씻어 몇 등분하고 무는 납작하게 썰거나 채 썬다. 냄비에 쌀뜨물을 끓여 자른 옥돔을 넣는다. 한소끔 끓으면 무와 마늘 다진 것을 넣고 끓인다. 이 국은 이미 옥돔에 간이 되어 있기 때문에 '간 맞추기'에 주의한다. 약간의 소금으로 간을 하거나 간이 맞으면 소금을 사용하지 않아도 된다. 실파는 3센티미터 길이로 썰어 얹는다.

돼지고기고사리국(돼지고기육개장)

다른 지방의 육개장은 일반적으로 쇠고기인 양지머리나 사태 부위와 굵은 파를 주재료로 하는 데 비해 제주도의 육개장은 돼지고기와 고사리가 주재료이다.

재료 돼지고기, 고사리, 파, 마늘, 생강, 메밀가루, 후추, 고춧가루, 소금.

만드는 법 돼지고기와 고사리를 각각 삶는다. 삶은 돼지고기와 고사리에 마늘과 생강 다진 것을 넣고 후추를 뿌린 후 주물러 준다. 돼지고기 삶은 국물에 넣어 푹 끓인 다음 메밀가루를 풀어 넣고 소금으로 간을 한다. 고춧가루는 따로 낸다. 돼지고기고사리국은 큰일이 있을 때에 끓여 먹었으며 옛날에는 보릿가루를 이용하기도 하였다.

돼지고기고사리국 쇠고기를 주재료로 하는 육지와는 달리 제주도에서는 돼지고기로 육개장을 끓였다.

느르미전 제사상에 올리는 전으로 실파와 고사리가 주재료이다.

느르미전

명절이나 제사 때면 느르미전을 크게 붙여 제사상에 올린다.

재료 실파, 고사리, 달걀, 소금, 식용유.

만드는 법 실파를 10센티미터 길이로 썰고 고사리는 가지런히 추려 소금을 약간 뿌려 놓는다. 달걀은 잘 풀어놓는다. 실파를 많이 잡고 고사리는 파보다 적게 잡아 가운데로 넣고 달걀 푼 것을 앞뒤로 적셔 사각형으로 전을 붙인다.

좁쌀미음

재료 노란 메조, 소금.

좁쌀미음 아이들의 이유식이나 환자의 유동식으로 많이 먹는다.

온난하고 건조한 지역에서 잘 자라는 조는 물이 부족하고 온난한 해양성 기후를 가진 제주도에서 재배하기에 적절한 곡물이다.

만드는 법 노란 메조를 깨끗이 씻어 8배의 물을 부어 끓인다. 좁쌀이 무르게 푹 익으면 고운 체로 받쳐 건더기는 버린다. 체에 내린 미음에 소금을 넣고 저어 먹는다. 아이들 이유식이나 유동식이 필요한 환자들이 먹기에 좋다.

초기죽 말린 표고로 끓인 죽으로 생표고를 이용하기도 한다.

초기죽(표고죽)

재료 표고, 쌀, 참기름, 소금.

만드는 법 두꺼운 표고를 물에 불린 다음 채 썬다. 쌀은 물에 담가 불린다. 냄비에 참기름을 두르고 뜨거워지면 쌀을 볶다가 표고도 같이 볶는다. 물을 넣고 죽을 끓여 소금으로 간을 한다. 생표고를 이용하기도 한다.

건옥돔죽

재료 건옥돔, 쌀, 실파, 참기름.

만드는 법 건옥돔을 물에 넣고 끓인다. 푹 익으면 체로 받쳐서 뼈와 살을 분리하여 뼈는 버리고 살과 국물은 따로 준비하여 놓는다. 쌀은 물에 불려 반알이 되게 한다. 참기름에 쌀을 볶다가 건옥돔 살을 넣고 죽을 끓인다. 죽이 다 끓으면 실파를 3 내지 4센티미터로 썰어 넣는다. 건옥돔의 염분 함량에 따라 간이 다르기 때문에 죽그릇 옆에 소금 그릇을 곁들이는 것이 좋다.

돗새끼보죽(돼지새끼보죽)

재료 돼지새끼보, 쌀, 참기름, 소금, 마늘.

만드는 법 쌀을 씻어 물에 불렸다가 으깨어 놓는다. 돼지새끼보는 물을 약간 넣어 삶아 작게 썰어 놓는다. 으깬 쌀을 참기름에 볶다가 돼지새끼보 썬 것을 넣고 같이 볶는다. 어느 정도 볶아지면 물을 넣고 죽을 끓인다. 마늘 다진 것을 넣고 소금으로 간을 한다.

돼지새끼보는 회를 만들어 먹거나 죽을 끓여 먹기도 하지만 양수가 터지지 않게 잘 삶아 소금과 후추 섞은 것에 찍어 먹기도 한다. 이때 삶은 돼지새끼보를 썰다보면 국물이 나오는데 이 국물은 몸에 좋다하여 그릇에 받아 놓았다가 마시기도 한다. 돗새끼회는 술안주로도 이용되지만 돼지새끼보를 이용한 음식은 주로 보신용으로 만들어 먹었다.

돗새끼보죽 돼지새끼보를 삶아 쌀과 함께 끓인 죽이다.

마늘엿 제주도에서 엿은 보신용 음식의 하나이다. 마늘 이외에도 닭이나 꿩, 익모초 등 다양한 재료로 엿을 만들었다.

마늘엿

예로부터 제주도에서는 마늘이나 닭, 꿩, 하늘타리, 익모초, 새비(들찔레의 열매), 무릇, 돼지고기 등으로 엿을 고았다. 이 엿들은 떡과 같이 먹기도 하였으나 육류나 약초를 재료로 하기 때문에 회복기 환자에게 먹이는 등의 보신용 음식으로 애용되었다.

재료 마늘, 차조, 엿기름.

만드는 법 마늘은 깨끗이 씻어 물기를 제거한다. 질게 지은 차조밥에 따뜻한 물을 부어 조금 식힌 다음 엿기름을 풀어 넣고 잘 저어 둔다. 삭아지면 체로 거르거나 주머니에 넣어 꼭 짜서 솥에 넣고 오래도록 중간불로 조린다. 반쯤 줄어들었을 때 마늘을 넣고 끓이다 보면 점점 농도가 짙어지면서 마늘엿이 된다.

강술

만드는 방법은 오메기술을 빚는 과정과 비슷하나 물을 별로 넣지 않고 밀가루 반죽처럼 술을 되게 빚는 것이 다르다. 강술은 마치 밀가루

강술 들이나 목장에 나갈 때 싸갔다가 즉석에서 물에 희석하여 마시넌 술이나.

강술 만드는 법

① 차조와 누룩을 준비한다.
② 차조를 물에 잠깐 담갔다가 갈아 가루를 만든다. 차조가루를 반죽하여 둥글게 빚는다. 빠른 시간 안에 고르게 익히기 위해 가운데에 구멍을 뚫는다.
③ 끓는 물에 삶아낸다.
④ 오메기떡은 익으면 물 위로 떠오르므로 건져낸다.

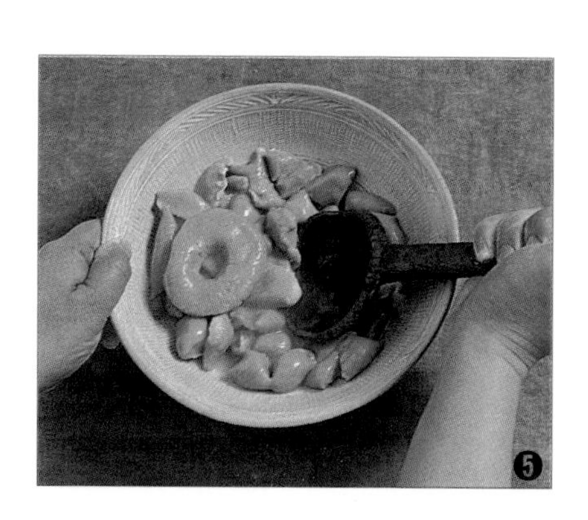

⑤ 오메기떡을 큰 그릇에 옮겨 담는다. 오메기떡 삶은 물(따끈한 정도의 온도)을 조금 붓고 떡을 푼다.
⑥ 누룩 부순 것을 섞어 둔다.

반죽 같아 양하잎으로만 싸도 흐르지 않는다. 아무 곳에서나 물에 희석하여 마시는 술로 목장이나 먼길 갈 때 가지고 다녔다.

재료 차조, 누룩.

만드는 법 차조가루로 오메기떡을 빚어 끓는 물에 넣고 잘 익힌다. 떡은 건져서 넓은 그릇에 넣고 오메기떡 삶은 물을 약간씩 넣어 아주 되게(오메기술보다 더 되게) 푼 다음 누룩을 넣고 섞어 두면 발효가 된다. 발효시키는 과정에서 술독의 온도는 늘 10 내지 20도를 유지하여 주어야 하며 발효 기간은 넉 달 정도가 소요된다.

절기 음식과 의례 음식

다른 지방과 마찬가지로 제주에서도 철에 따라 절기 음식을 만들어 먹었으며 의례 때에는 각 의례에 맞는 음식을 정성껏 만들어 나누어 먹었다. 큰 테두리에서 보면 다른 지방과 비슷하여 보이기도 하지만 제주도의 절기 음식과 의례 음식은 육지와는 다른 나름대로의 독특함을 가지고 있다.

철에 따른 특별 음식

제주도의 절기 구분이나 그 의미는 다른 지방과 별로 다를 바 없다. 그러나 제주도가 가진 색다른 자연 환경으로 인해 절기 음식은 재료나 만드는 방법에서 다른 지방과 차이를 보인다.

정월

정월에는 ᄆᆞ몰칼국, 탁주, 청주, 감주, 곤침떡, 곤떡, 솔벤, 절벤, 빙떡 등의 음식을 만들어 먹는다. 설날에는 새벼에 구제 또는 떡국제니고

빙떡 메밀의 담백한 맛과 속재료로 사용한 무채의 시원한 맛이 어우러져 독특한 맛을 낸다. 빙떡을 지질 때 감귤이 옆에 있거나 보관중인 메밀가루 옆에 감귤을 놓아 두면 빙떡이 잘 지져지지 않는다고 한다.

하여 골미떡(권미떡)을 썰어 떡국을 만들어 신령에게 간단한 차례를 올린 다음 해가 뜨면 명절 차례를 지냈다. 그리고 손님들이 오시면 친척집에서 받아온 떡으로 떡국을 끓여 손님에게 대접하였는데 이 떡국을 칼국이라고 한다.

음력 5월

제주도에서는 음력 5월이 되면 보리를 볶아서 맷돌로 갈아 개역을 만든다. 개역은 미숫가루를 말하는 것으로 보리 볶은 것에 콩 볶은 것을 섞어 만들기 때문에 더욱 구수하다. 음력 5월이나 6월에 보리 수확이 끝난 직후 장마가 지면 비 내리는 날의 한가한 틈을 타 집집마다 보리개역을 만들어 여름내 먹는다. 옛날에는 시집온 여자가 햇보리로 만든 보리개역을 친정에 갖다드리기도 하였다.

음력 6월

제주도에는 음력 6월 20일이 되면 '닭 잡아먹는 날'이라고 하여 닭을 잡아먹는 풍습이 있었는데 이 풍습은 지금까지도 이어지고 있다. 옛날에는 봄에 병아리를 사다가 마당에 놓아 길렀다. 이 병아리는 닭 잡아먹는 날이 가까워 올 때쯤이면 먹음직스런 중닭이 된다.

한 가정당 보통 두세 마리의 닭을 잡아먹는데 형편이 안 되는 집은 닭 한 마리를 삶아 고기는 건져 먹고 국물로 죽을 끓여 온 가족이 나누어 먹기도 하였다.

오골계는 허약한 사람이 보신용으로 많이 먹었으며 어린아이들에게는 닭 속에 어영뒤낭(앵두나무)과 황토물, 쌀을 불려 넣고 고아 먹여 회충을 예방하였다. 부인병에는 빨간 수탉 속에 마늘, 쌀, 백토란, 지네를 넣어 고아 먹었다. 남자는 암탉을 여자는 수탉을 먹었다.

음력 9월

음력 9월이 되면 각 가정에서는 동백씨를 씻어 열흘 정도 말려서 기름틀에 놓고 기름을 짠다. 옛날 이 고장 여인들은 머릿기름으로 쓰이는 동백기름을 소중하게 여겼다. 또한 동백기름을 약의 대용으로 사용하기도 하였다. 동백기름 한 수저에 물 한 수저를 넣고 오래도록 수저로 치다 보면 색이 하얗게 되고 풀풀해진다. 이것이 기침을 멎게 하는 데 좋다 하여 집집마다 상비약으로 동백기름을 보관하여 두었다.

음력 11월

동지에 팥죽을 먹는 풍습은 어느 지방이나 같지만, 제주도에서는 쌀이 귀하기 때문에 쌀 대신 좁쌀을 넣고 팥죽을 끓여 먹었다. 팥죽을 쑤면 액을 막기 위해 반드시 먼저 집안 여기저기에 뿌리고 나서 먹었다. 동지가 동짓달 초 열흘 전에 들면 '애기동지'라고 하여 아기가 있는 집에서는 팥죽을 쑤지 않았다.

제주도는 날씨가 다른 지방하고 다르기 때문에 동짓달에 콩을 삶아 메주를 만들고 섣달 그믐날(손 없는 날)에 장을 담는다. 장 담는 날은 오·유·술일(午·酉·戌日) 등을 택하기도 하지만 대부분 섣달 그믐에 담는다.

동지 뒤의 셋째 미일(未日)은 납평날(납일)이라고 하는데 이날 고은 엿은 맛있고 약으로도 쓰인다 하여 집집마다 엿을 고았다. 제주도의 엿은 차좁쌀과 엿기름을 사용하여 만드는 것을 기본으로 하며, 때로는 대죽쌀(수수)이나 쌀을 이용하기도 한다. 엿의 종류로는 새비엿, 하늘애기엿, 갈근엿, 꿩고기엿, 닭엿, 마늘엿, 돼지고기엿, 머쿠실엿, 쇠고기엿, 익모초엿, 호박엿 등이 있다.

제주도에서 엿은 보신용 음식으로 주로 애용되었는데 돼지고기엿은 천식의 약으로, 닭엿은 가을에 만들어 두었다가 겨울에 추위를 이기기 위한 보신용으로 이용되었다. 꿩엿은 봄에 만들어 보신용 음식으로 이용하였으며 하늘애기엿은 하늘타리, 익모초엿은 익모초라는 약용 식물로 만들었다.

제주 똥돼지 제주도의 돼지우리는 통시와 함께 있다. 제주도에서는 쇠고기보다 돼지고기를 더 많이 이용하는데 잔치나 명절 전에는 항상 돼지를 잡아 추렴을 한다.

음력 12월

명절이 가까워 오면 고기가 필요한 사람끼리 모여 소나 돼지를 잡아 고기를 나누어 가지는 '추렴'을 한다. 고기가 필요한 사람이 모아지면 주문대로 부위별로 나누어 가지고 간다. 부위별 명칭은 대가리(머리), 목도래기(턱이 붙어 있는 목 부위), 좁짝뻬(갈비), 전각(앞다리), 숭(가슴 부분, 삼겹살), 일훈(꼬리 윗부분), 후각(뒷다리), 비피(항문쪽), 내장이라고 부른다. 여기서 전각, 숭, 후각 따위는 각 2개로 계산하며 내장과 머리를 제외하고 열두 부분으로 나눈다.

큰 추렴은 소를 잡는 일이고 작은 추렴은 돼지를 잡는 일이다. 옛날에는 돼지를 집에서 기르다가 추렴하는 일이 많았다.

의례 음식

제주도에서는 쌀이 거의 생산되지 않아 보리, 조, 콩, 메밀, 고구마 등이 주곡이었으므로 가정 의례 때 준비하는 음식도 육지와는 달랐다. 또한 제주도의 의례 음식은 양이 많거나 양념을 많이 사용하거나 여러 가지 재료를 섞어 만드는 것이 거의 없다. 여기에서도 제주 사람들의 부지런하고 꾸밈없는 주냥 정신을 엿볼 수 있다.

출산 음식

출산은 새 생명을 탄생시키는 매우 거룩한 일이다. 특히 종족 보존의 욕구가 강하였던 과거에 여성은 아이 낳는 일이 가장 큰 의무인 동시에 소망이었다. 출산을 중요시한 만큼 임산부에게는 지켜야 할 금기 사항이 많았으며 먹는 음식에도 세심한 주의를 기울였다. 게, 돼지고기, 닭고기 등은 임산부들에게 금기 음식으로 취급되었다.

제주 여인네들은 분만 후에 메밀가루를 푼 미역국을 먹었다. 영양이 풍부한 구살국도 산후식으로 애용되었다. 산모의 피가 맑아진다 하여 미역을 넣고 끓인 ᄆᆞᆯ즈배기를 만들어 먹기도 하였다. 그 외에도 따뜻한 물에 꿀을 타서 한 보시기쯤 먹거나 메밀가루를 물에 타서 익혀 먹었다. 그리고 청주에 설탕을 타서 끓여 먹거나 참기름에 달걀을 풀어 두세 숟가락씩 먹기도 하였다. 마를 파다가 그 뿌리를 갈아 물에 타서 먹었고, 산모가 젖이 잘 안 나는 경우에는 돼지 족발을 삶아 먹기도 하였다.

아기의 출생 후 삼칠일에는 국밥을 차려서 친척과 이웃에게 대접하고, 삼신상에는 쌀·물·미역을 올렸는데 이때는 미역국에 붉은 팥밥을 차렸다. 아기의 돌상에는 일반적으로 국밥을 준비하였으며 가정의 형편에 따라 여러 가지 고기 반찬과 떡을 준비하여 이웃과 친척에게 대접하였다.

혼례 음식

제주도의 혼례는 '일뤠잔치'라고 하여 잔치 전 이부자리 준비하는 날, 돼지 잡는 날, 가문잔칫날, 잔칫날, 신부집 사둔열맹(잔치 다음날) 잔치, 신랑집 사둔열맹(잔치 다음다음날) 잔치, 설거지하는 날로 이어진다.

제주도의 혼례는 하객들에 대한 대접도 매우 융숭하고 마을 사람들에게 모처럼 즐길 수 있는 기회를 제공하므로 대부분 마을 잔치로 커지기 쉽다. 혼례 전날은 가문잔치라 하여 친족들에게 '초불밥'이라 하는 잡곡에 쌀을 혼합한 잡곡밥을 제공하였으며 쌀밥은 잔치 당일에만 차리거나 신랑, 신부와 사돈에게만 제공되었다.

제주 지역의 혼례에는 반드시 돼지고기를 사용하기 때문에 신랑, 신부를 막론하고 혼례가 다가오면 미리 돼지를 길러 잔치에 대비하였다.

돼지는 결혼 이틀 전에 잡고 뒤이어 두부를 만들고 전을 지지면 중요한 음식 준비는 일단 마치는 셈이 된다. 돼지 잡는 일은 물론이고 전을 지지는 일, 우동을 삶는 일은 매우 힘든 일이므로 보통 남자가 담당하였다.

혼례상 혼례상에는 송애기떡, 오색시루떡, 닭고기, 돼지고기, 밤, 대추 등의 음식을 차린다. 대례상에는 음양의 조화를 고려하여 쌀과 팥, 밤과 대추, 수탉과 암탉, 빨간 초와 파란 초, 솔화병과 대화병이 올려지며 중앙에 놓는 떡도 두 가지 색이나 다섯 가지 색을 띤 것을 놓는다.

신랑신부상 신랑은 신부집으로 떠나기 전 집에서 간단한 상을 차려 조상에게 장가가는 사실을 고한다. 신부도 신랑이 도착하기 전 아침 일찍 조상에게 제를 올린다. 그리고 신랑이 신부집으로 떠날 때와 신부가 신랑집으로 떠날 때 양가에서는 제각기 신랑과 신부에게 초례상(醮禮床)을 차려 주어 먹게 하면서 부모가 훈계의 말을 한다.

신랑이 신부집에 도착하면 상을 받는데 이 상을 '큰상', '새서방상'이라 한다. 그리고 신부가 신랑집에 도착하여 받는 상은 '큰상', '새각시상'이라 한다. 이 상은 생시에 받아보는 가장 큰 상이지만 많이 먹으면 흠이 된다 하여 '밥 석 점(세 숟갈)' 정도밖에 먹지 않는다. 신랑신부상에 차려지는 음식에는 곤밥(쌀밥)과 국(옥돔국, 무국, 돼지갈비국), 돼지고기, 두부, 순대, 닭고기, 달걀완숙, 돼지갈비, 전류(초기전, 간전) 등이 있다.

대반상 신랑과 함께 오는 상객이 아닌 신랑의 동서뻘되는 사람에게 대접하는 상이다. 신랑상을 줄여 한상차리는 것이 보통이다.

상객상 신랑상보다 더 신경을 써서 정성껏 차린다. 곤밥, 국(옥돔국, 무국, 돼지갈비국), 돼지고기, 두부, 순대, 닭고기, 물김치, 김치, 전류(초기전, 간전)의 음식을 차린다.

가문잔치상 제주도에서는 결혼식 전날 친척들을 대접하는데 이것을 가문잔치라 한다. 가문잔치 때는 돼지고기를 썰고 남은 부스러기와 내장을 접시에 담고 소금을 접시 가장자리에 담아 한 사람 앞에 하나씩 나누어 주었다. 그리고 초불밥이라 하여 보리쌀과 쌀, 팥으로 밥을 짓고 몸국을 끓여 나누어 먹었다.

하객상 다른 지방에서는 혼례식 때 하객들에게 면을 대접하지만 제주도에서는 밥을 대접한다. 이때 밥에는 음양의 조화를 고려하여 꼭 팥을 넣는다. 돼지고기, 채소, 두부, 계란전의 찬이 나오는데 일제시대 이후 계란전은 메밀전으로 바뀌었다.

제례 음식

제주도의 상례나 제례 때 제상에 올리는 음식들은 지역별로 차이가 거의 없다. 제례에는 메(쌀밥), 갱(생선미역국, 쇠고기무국, 돼지고기미역국 등), 떡(제펜, 솔벤, 은절미, 절벤, 강정, 요외, 과질, 중괴, 약괴, 우찍 등), 적(돼지고기적, 쇠고기적, 바닷고기적, 묵적 등), 전(육전, 어전, 파전, 버섯전, 느르미전 등)과 제숙이라고도 하는 해어(海魚)를 올

우찍

솔벤

리는데 이때는 비늘 있는 생선만 구워 올리며 부엌에서 굽지 않고 마루나 챗방에서 정성스레 굽는다.

채(고사리채, 콩나물채, 무채, 호박채, 시금치채, 숙주 등)에는 마늘, 고춧가루 등의 양념을 쓰지 않으며 제주(祭酒)는 집에서 빚은 청주나 소주를 준비하는데 골감주 등을 올리기도 한다. 실과는 3과나 5과를 올린다. 친척의 제사에 참석할 때에는 백미 한 되나 제주 한 병을 가져가는 것이 통례이다.

제례에 사용되는 떡은 각각 일(日), 월(月), 성(星), 신(神), 운(雲), 무(霧)의 의미를 지니고 있으므로 그 순서에 따라 괸다. 떡 가운데 제펜은 땅을, 은절미는 밭, 절벤은 해, 솔벤은 달, 우찍은 별, 전은 구름, 과질은 안개, 강정과 요외는 과일을 뜻한다. 그러므로 제팬을 맨 아래, 우찍은 맨 위에 괴게 된다.

제주도에서는 제례 때 몇 가지 주의하여야 할 것이 있다. 부모의 초상을 당하면 성복제를 지낼 때까지는 상가의 사돈집에서 허벅에 넣어 가지고 온 팥죽이나 녹두죽을 먹는다. 메밥은 남아도 옷에 풀을 하거나 쪄 먹지 않았으며 '코시'라 하여 남의 집 제사에 썼던 음식을 가져오면

ᄂᆞᄆᆞᆯ은설비

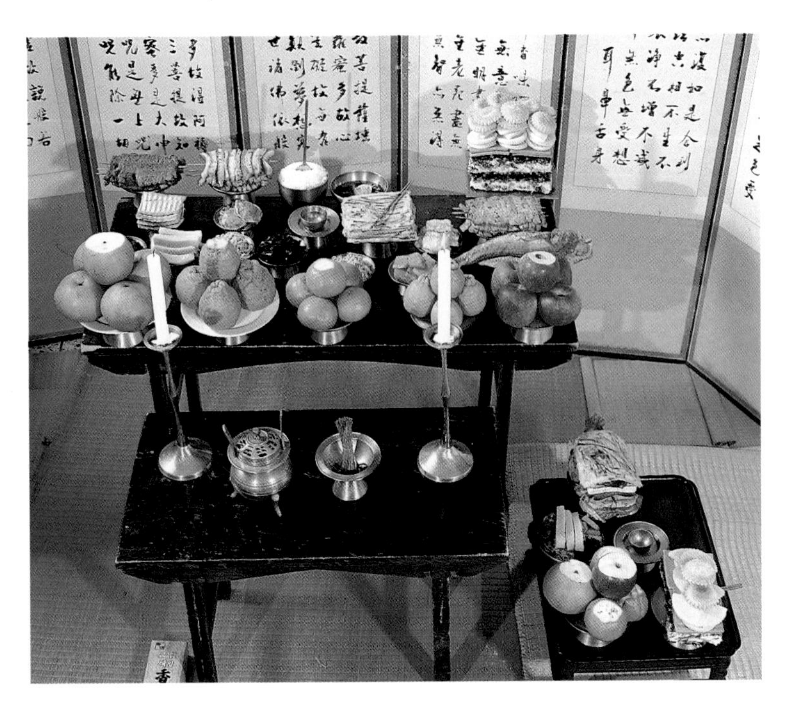

제주도의 제사상 차림 제주도에서 제례 때 차리는 음식들은 지역별로 거의 차이가 없다.

조금씩 떼어 밖으로 버리고 먹었다. 그리고 신이 오는 길을 가로막는다 하여 제삿날에는 빨랫줄을 매거나 바느질을 하지 않았으며 부정한 사람은 제사에 참석하지 않았고 제삿날은 머리 빗는 것을 삼갔다.

맺음말

제주 사람들은 그들이 처한 자연적 환경뿐만 아니라 몽고와 고려에 번갈아 가며 복속되었던 고려시대, 귀양지나 변방으로밖에 인식되지 않았던 조선시대, 일제시대, 그 이후의 4·3사건 등을 거치는 어려운 정치·사회적 여건으로 인해 가난한 삶에서 쉽사리 벗어나지 못하였다. 이 어려운 시기를 제주 사람들은 구황 식품 등으로 허기진 배를 채우며 견뎌내었다.

이 식품들은 대체로 조, 메밀 등의 잡곡이나 산나물이나 열매 등 식물성이었기 때문에 과거에는 질 좋은 단백질이나 무기질의 섭취가 절대적으로 부족한 편이었다. 그러나 이런 부족한 영양소들을 제주 사람들은 해산물에서 적절히 보충하여 가는 지혜를 발휘하여 그들의 삶을 오늘날까지 이어올 수 있었다.

제주도의 음식 중 몇몇은 육지에서는 찾아볼 수 없는 독특한 맛과 요리 방법을 보여 주고 있다. 이런 음식들은 다른 지방의 사람들에게 충분한 흥미거리를 제공하여 준다. 그러나 제주 향토 음식을 통하여 우리는 육지와 떨어져 있어 특이한 재료와 요리 방법을 이용한 음식이 발달하였다는 사실뿐만 아니라 더 나아가 제주 사람들이 살아온 발자취를

성산일출봉이 보이는 유채밭 제주도를 찾는 관광객들은 아름다운 제주의 경치만을 즐기러 오는 것이 아니라 그곳에 살고 있는 사람들의 생활 모습을 같이 보고 싶어한다.

생생히 느낄 수 있다는 점을 알아야 한다.

지난날에 비해 이제는 제주도에서도 식품의 종류나 조리 방법이 다양해지고 육지에 뒤지지 않을 만큼 식생활의 질도 많이 향상되었다. 그러나 식생활의 개선으로 인해 제주도에서만 맛볼 수 있었던 일부 전통 향토 음식들은 점점 사라지고 있다.

제주도는 이제 세계적인 관광 명소가 되어 가고 있다. 제주도를 찾는 사람들은 단순히 제주도의 경치만을 즐기러 오는 것이 아니라 그곳에 살고 있는 제주 사람들의 생활 모습도 함께 보고 싶어한다. 따라서 제주 사람들의 삶의 한 단면을 보여 줄 수 있는 제주도 음식은 훌륭한 관광 자원이 될 수 있다. 그런 의미에서 전통적인 제주도 음식의 보존과 발전은 중요한 일이다.

부엌 세간

고소리 술을 빚는 소주고리로 악기인 장구와 모양이 비슷하다. 바닥은 평평하며 무쇠솥에 얹기 쉽도록 되어 있다. 윗부분은 냉각수를 담는 장탱이를 얹을 수 있게 만들었으며 소주가 흘러내릴 수 있도록 코가 달려 있다.

구덕 물건을 나르거나 간수할 때 사용하는 대나무로 엮은 장방형의 바구니이다.

곰박 국자처럼 생긴 것으로 뜨거운 물에 삶아낸 떡을 건져내는 데 사용하였다. 둥글고 넓적하면서도 둘레가 오긋하다. 안에는 5 내지 7개의 구멍이 뚫려 있어 뜨거운 국물이 빠지기 쉽게 만들었다. 손잡이는 국자처럼 길다.

곰박

귀단지 아가리가 넓고 몸통이 타원형이며 양옆에는 손잡이인 귀가 달려 있다. 김치나 된장, 젓갈을 담글 때 사용하였다.

ᄀᆞ래 맷돌을 일컫는 말로 제주도에서는 현무암으로 만들었다.

남죽과 밥자 밥이나 죽을 휘젓거나 풀 때 사용하였다. 나무로 만들어 길쭉하며 밑으로 내려올수록 넓적하게 퍼진 것은 배수기라고도 하는데 주로 죽을 풀 때 사용하였다.

대바지 여자아이들이 사용하는 작은 허벅이다.

낭쟁반 나무를 깎아 만든 편평한 쟁반으로 원형 모양이 많으며 직사각형 모양은 산적이나 떡을 고이는 데 주로 쓰인다.

단지 젓갈, 김치, 장아찌 등을 담글 때 사용하는 부리가 좁고 바닥은 평평한 용기이다.

독사발 나물을 무칠 때나 양념을 만들 때에 사용한 대접과 같은 모양의 큰 뚝배기이다.

돔베 직사각형의 두꺼운 나무판으로 채소나 고기를 썰고, 여러 가지 반찬거리를 장만하는 데 사용하였다. 도마와 비슷하다.

동고량 대나무로 짠 도시락 바구니이다. 들일하는 사람이나 마소를 돌보는 테우리들이 짚으로 엮은 망태기에 넣어 가지고 다녔다.

둠비틀 두부를 만드는 기구이다. 정사각형의 상자 사방에 구멍이 여기저기 뚫려 있고 도마를 닮은 뚜껑에도 구멍이 뚫려 있다.

떡징 떡을 찔 때 무쇠솥의 중간을 받치는 받침이다. 갈대의 줄기를 엮거나 나무판자, 억새의 줄기, 댕댕이 덩굴 등을 이용하여 둥글게 만들었다. 바드랭이라고도 한다.

밥도고리 통나무를 둥글고 움푹하게 파내어 만든 그릇으로 밥을 담는 함지이다. 여기에 밥을 담아 상 가운데 두고 식구들이 둘러앉아 같이 밥을 먹었다.

빙철 떡이나 전을 부치는 데 사용하는 둥글거나 직사각형의 철판으로 손잡이가 달려 있으며 사용하지 않을 때는 걸게 되어 있다. 주로 메밀전병인 빙떡을 많이 부치는 데서 이름이 유래되었다. 빙철이 없는 집에서는 무쇠솥 뚜껑을 뒤집어 사용하기도 하였다.

살레 식기를 넣어 두는 나무로 만든 장이다. 여닫이문이 있으며 바닥에는 그릇의 물 빠짐 및 건조를 위해 대나무나 억새로 발을 만들어

깔았다.

솔박과 작박 곡식의 양을 측정하는 데 사용한 그릇으로 나무를 타원형으로 둥글게 파 사용하였다. 한 솔박의 양은 보통 쌀 한 되 정도이며 작박은 솔박보다 작다.

술허벅 물허벅보다 조금 더 크고 부리가 넓적하며 술을 담아 보관한다.

양념단지(네성제단지) 작은 옹기단지 4개를 하나로 연결한 양념단지로 형제처럼 정답게 보인다고 하여 이런 이름이 붙여졌다. 고춧가루, 깨소금 등을 넣어 둔다. 3개가 연결된 것은 '세성제단지'라 부른다.

장팽 간장을 담는 옹기병으로 주둥이가 벌어지고 목이 잘록하며 몸통은 둥글고 바닥은 평평하다.

양념단지(네성제단지)

장통 타원형 통나무를 가로나 세로로 둥글리고 속을 파내어 만든 것으로 양념한 된장이나 고추장을 담아 밭에 가지고 가기도 하고 집안에서 사용하기도 하였다.

젯통 수저를 담아 두는 통으로 왕대의 마디를 잘라서 이용하거나 가늘게 쪼갠 시누대나 조릿대를 엮어 만들었다. 왕대의 마디로 만들 때는 밑바닥에 구멍을 몇 개 뚫어 물이 빠지게 하였다.

조막단지 뚜껑이 있는 작은 옹기단지로 밭에 일하러 갈 때 도시락 반찬통으로 사용하였다.

차롱 대나무로 짠 바구니로 구덕에 비해 깊이가 반 정도밖에 되지 않는다. 떡을 만들어 간수하기도 하고 이웃이나 친척집에 부조할 일이 생겼을 때는 떡을 만들어 여기에 담아가기도 하였다. 차롱보다 크기가 더 작은 것을 밥차롱이라 하는데 밭에 갈 때 점심 도시락으로 많이 사용하였다.

촛단지 식초를 만드는 옹기단지로 부리가 넓고 작은 코가 나 있다. 부리는 헝겊마개로 막아 두고 덜어낼 때는 어깨에 달린 코를 이용한다.

촛펭 촛단지에서 초를 덜어내어 사용하는 옹기병이다. 부리가 넓고 등에는 뾰족하게 코가 달려 있다.

코남박 간장이나 술, 기름 같은 것을 병에 넣을 때 사용한다. 둥글게 팬 그릇 모양에 새의 부리 같은 뾰족한 코가 달려 있다.

풀ᄀ래 풀매라고도 하는데 맷돌과 비슷하게 생겼으나 아래짝의 밑이 높게 도드라지고 코가 흘러내리듯 달려 있어 국물을 받아내기 쉽게 만들어졌다. ᄀ래는 마른 것을 풀ᄀ래는 젖은 것을 갈 때 사용하였다.

항 항아리를 일컫는 말로 부엌에서 식수를 담아 두는 것은 '물항', 장을 담아 두는 것은 '장항', 곡식을 담아 두는 것은 '쌀항'이라 한다.

허벅 제주도에서만 볼 수 있는 물을 길어 나르는 동이로 몸통은 둥글고 부리는 좁으며 바닥은 평평하다. 물구덕에 넣어 등에 지고 물을 길어 날랐다.

구덕에 담긴 허벅

참고 문헌

『제주도의 식생활』, 제주도민속자연사박물관, 1995.
『제주전통음식』, 제주도농촌진흥원, 1995.
『제주의 민속Ⅳ-의생활 · 식생활 · 주생활』, 제주도, 1996.
진성기, 『남국의 향토 음식』, 제주민속연구소, 1987.

빛깔있는 책들 201-10

제주도 음식

글 | 김지순 사진 | 안승일

초판 1쇄 발행 | 1998년 5월 15일
초판 4쇄 발행 | 2016년 5월 25일

발행인 | 김남석
발행처 | ㈜대원사
주 소 | (06342) 서울시 강남구 양재대로 55길 37, 302
전 화 | (02)757-6711, 6717~9
팩시밀리 | (02)775-8043
등록번호 | 제3-191호
홈페이지 | http://www.daewonsa.co.kr

값 8,500원

ISBN | 89-369-0214-8 00590
ISBN | 978-89-369-0000-7 (세트)

빛깔있는 책들

민속(분류번호:101)

1 짚문화 2 유기 3 소반 4 민속놀이(개정판) 5 전통 매듭
6 전통 자수 7 복식 8 팔도 굿 9 제주 성읍 마을 10 조상 제례
11 한국의 배 12 한국의 춤 13 전통 부채 14 우리 옛 악기 15 솟대
16 전통 상례 17 농기구 18 옛 다리 19 장승과 벅수 106 옹기
111 풀문화 112 한국의 무속 120 탈춤 121 동신당 129 안동 하회 마을
140 풍수지리 149 탈 158 서낭당 159 전통 목가구 165 전통 문양
169 옛 안경과 안경집 187 종이 공예 문화 195 한국의 부엌 201 전통 옷감 209 한국의 화폐
210 한국의 풍어제 270 한국의 벽사부적 279 제주 해녀 280 제주 돌담

고미술(분류번호:102)

20 한옥의 조형 21 꽃담 22 문방사우 23 고인쇄 24 수원 화성
25 한국의 정자 26 벼루 27 조선 기와 28 안압지 29 한국의 옛 조경
30 전각 31 분청사기 32 창덕궁 33 장석과 자물쇠 34 종묘와 사직
35 비원 36 옛책 37 고분 38 서양 고지도와 한국 39 단청
102 창경궁 103 한국의 누 104 조선 백자 107 한국의 궁궐 108 덕수궁
109 한국의 성곽 113 한국의 서원 116 토우 122 옛기와 125 고분 유물
136 석등 147 민화 152 북한산성 164 풍속화(하나) 167 궁중 유물(하나)
168 궁중 유물(둘) 176 전통 과학 건축 177 풍속화(둘) 198 옛 궁궐 그림 200 고려 청자
216 산신도 219 경복궁 222 서원 건축 225 한국의 암각화 226 우리 옛 도자기
227 옛 전돌 229 우리 옛 질그릇 232 소쇄원 235 한국의 향교 239 청동기 문화
243 한국의 황제 245 한국의 읍성 248 전통 장신구 250 전통 남자 장신구 258 별전
259 나전공예

불교 문화(분류번호:103)

40 불상 41 사원 건축 42 범종 43 석불 44 옛절터
45 경주 남산(하나) 46 경주 남산(둘) 47 석탑 48 사리구 49 요사채
50 불화 51 괘불 52 신장상 53 보살상 54 사경
55 불교 목공예 56 부도 57 불화 그리기 58 고승 진영 59 미륵불
101 마애불 110 통도사 117 영산재 119 지옥도 123 산사의 하루
124 반가사유상 127 불국사 132 금동불 135 만다라 145 해인사
150 송광사 154 범어사 155 대흥사 156 법주사 157 운주사
171 부석사 178 철불 180 불교 의식구 220 전탑 221 마곡사
230 갑사와 동학사 236 선암사 237 금산사 240 수덕사 241 화엄사
244 다비와 사리 249 선운사 255 한국의 가사 272 청평사

음식 일반(분류번호:201)

60 전통 음식 61 팔도 음식 62 떡과 과자 63 겨울 음식 64 봄가을 음식
65 여름 음식 66 명절 음식 166 궁중음식과 서울음식 207 통과 의례 음식
214 제주도 음식 215 김치 253 장醬 273 밑반찬

건강 식품(분류번호:202)

105 민간 요법 　181 전통 건강 음료

즐거운 생활(분류번호:203)

67 다도 　68 서예 　69 도예 　70 동양란 가꾸기 　71 분재
72 수석 　73 칵테일 　74 인테리어 디자인 　75 낚시 　76 봄가을 한복
77 겨울 한복 　78 여름 한복 　79 집 꾸미기 　80 방과 부엌 꾸미기 　81 거실 꾸미기
82 색지 공예 　83 신비의 우주 　84 실내 원예 　85 오디오 　114 관상학
115 수상학 　134 애견 기르기 　138 한국 춘란 가꾸기 　139 사진 입문 　172 현대 무용 감상법
179 오페라 감상법 　192 연극 감상법 　193 발레 감상법 　205 쪽물들이기 　211 뮤지컬 감상법
213 풍경 사진 입문 　223 서양 고전음악 감상법 　251 와인(개정판) 　254 전통주
269 커피 　274 보석과 주얼리

건강 생활(분류번호:204)

86 요가 　87 볼링 　88 골프 　89 생활 체조 　90 5분 체조
91 기공 　92 태극권 　133 단전 호흡 　162 택견 　199 태권도
247 씨름 　278 국궁

한국의 자연(분류번호:301)

93 집에서 기르는 야생화 　94 약이 되는 야생초 　95 약용 식물 　96 한국의 동굴
97 한국의 텃새 　98 한국의 철새 　99 한강 　100 한국의 곤충 　118 고산 식물
126 한국의 호수 　128 민물고기 　137 야생 동물 　141 북한산 　142 지리산
143 한라산 　144 설악산 　151 한국의 토종개 　153 강화도 　173 속리산
174 울릉도 　175 소나무 　182 독도 　183 오대산 　184 한국의 자생란
186 계룡산 　188 쉽게 구할 수 있는 염료 식물 　189 한국의 외래·귀화 식물
190 백두산 　197 화석 　202 월출산 　203 해양 생물 　206 한국의 버섯
208 한국의 약수 　212 주왕산 　217 홍도와 흑산도 　218 한국의 갯벌 　224 한국의 나비
233 동강 　234 대나무 　238 한국의 샘물 　246 백두고원 　256 거문도와 백도
257 거제도 　277 순천만

미술 일반(분류번호:401)

130 한국화 감상법 　131 서양화 감상법 　146 문자도 　148 추상화 감상법 　160 중국화 감상법
161 행위 예술 감상법 　163 민화 그리기 　170 설치 미술 감상법 　185 판화 감상법
191 근대 수묵 채색화 감상법 　194 옛 그림 감상법 　196 근대 유화 감상법 　204 무대 미술 감상법
228 서예 감상법 　231 일본화 감상법 　242 사군자 감상법 　271 조각 감상법

역사(분류번호:601)

252 신문 　260 부여 장정마을 　261 연기 솔올마을 　262 태안 개미목마을 　263 아산 외암마을
264 보령 원산도 　265 당진 합덕마을 　266 금산 불이마을 　267 논산 병사마을 　268 홍성 독배마을
275 만화 　276 전주한옥마을